MANUAL DE LA POROELASTICIDAD LINEAL

MONOGRAFÍAS DEL IETcc, N.º 442

MANUAL DE LA POROELASTICIDAD LINEAL

Juan Carlos Mosquera Feijóo

Jaime Carlos Gálvez Ruiz

CONSEJO SUPERIOR DE INVESTIGACIONES CIENTÍFICAS

Madrid, 2024

Cómo citar: *Manual de la poroeslasticidad lineal* / Juan Carlos Mosquera y Jaime Carlos Gálvez. Madrid: CSIC, 2024.

Catálogo de publicaciones de la Administración General del Estado:
https://cpage.mpr.gob.es

EDITORIAL CSIC: *http://editorial.csic.es* (correo: *publ@csic.es*)

© CSIC, 2024
© Juan Carlos Mosquera Feijóo y Jaime Carlos Gálvez Ruiz
© De las imágenes, las fuentes mencionadas a pie de figura
© Imagen de cubierta: diversas muestras de materiales porosos

ISBN: 978-84-00-11347-6
e-ISBN: 978-84-00-11348-3
NIPO: 155-24-217-1
e-NIPO: 155-24-218-7
Depósito Legal: M-24423-2024

Corrección y coordinación editorial: Enrique Barba (Editorial CSIC)
Maquetación: Gráficas Blanco, S. L.
Impresión y encuadernación: Discript Preimpresión, S. L.
Impreso en España. *Printed in Spain*

En esta edición se ha utilizado papel ecológico sometido a un proceso de blanquea-
do ECF, cuya fibra procede de bosques gestionados de forma sostenible.

ÍNDICE

A nuestros padres

PRÓLOGO

Nos complace presentar este manual de poroelasticidad lineal, una disciplina que se encuentra en la intersección de la mecánica de fluidos, la mecánica de sólidos y la geofísica. Este manual está diseñado para estudiantes de posgrado, investigadores y profesionales que buscan entender los fundamentos teóricos y las aplicaciones prácticas de la poroelasticidad lineal.

El campo de aplicaciones de la poroelasticidad lineal se ha expandido en las últimas décadas gracias al desarrollo industrial y tecnológico y a las herramientas de modelización y simulación, además de tecnologías como el GPS y el InSAR. Este manual aborda los conceptos fundamentales y algunas aplicaciones recientes, y se enfoca en la descripción matemática de la interacción entre fluidos y sólidos en medios porosos.

El manual comienza con una introducción a la teoría básica de la poroelasticidad lineal, incluyendo las ecuaciones fundamentales y los conceptos esenciales, tales como la permeabilidad, porosidad o el almacenamiento. Luego, se detallan los modelos constitutivos y las leyes de conservación para medios porosos, seguidas de una sección dedicada a la modelización numérica de problemas de poroelasticidad lineal.

El manual también recoge algunas aplicaciones clásicas de la poroelasticidad lineal, tales como el problema de la columna poroelástica, el de la consolidación unidimensional de un macizo, el fenómeno del rebote poroelástico y el proceso de congelación de un poro.

Esperamos que este manual sea de ayuda en su estudio y aplicación práctica de la poroelasticidad lineal en los diversos campos de los medios continuos y de las ciencias de la Tierra.

Madrid, 2024

LISTADO DE ABREVIATURAS

α_B Coeficiente de Biot-Willis.

γ_f Peso específico del fluido [N/m^3].

δ_{ij} Delta de Kronecker.

ε Deformación volumétrica.

ζ Variación del contenido de fluido en el medio poroso.

κ Permeabilidad intrínseca del medio poroso [m^2].

λ Constante de Lamé [Pa].

μ_f Viscosidad dinámica del fluido [$Pa \cdot s$].

ν Coeficiente de Poisson.

ν_u Coeficiente de Poisson no drenado.

ρ Densidad del medio poroso [kg/m^3].

ρ_f Densidad del fluido [kg/m^3].

$\sigma', \sigma'_{ij},$ Tensiones efectivas [Pa].

σ'_m Tensión efectiva media [Pa].

σ, σ_{ij} Tensiones totales [Pa], componentes del tensor de tensiones de Cauchy.

σ_{kk} Tensión cúbica [Pa].

v_f Viscosidad cinemática del fluido [m^2/s].

ϕ Porosidad.

ϕ_0 Porosidad inicial, medida en la configuración de referencia.

B Coeficiente de Skempton.

C Compresibilidad del medio poroso [Pa^{-1}].

C_f Compresibilidad del fluido [Pa^{-1}].

C_{ijkl} Tensor de la ley de Hooke generalizada.

C_ϕ Compresibilidad *unjacketed* del volumen de poros [Pa^{-1}].

C_p Compresibilidad del volumen de poros [Pa^{-1}].

C_s Compresibilidad del esqueleto sólido [Pa^{-1}].

D Coeficiente de difusividad hidráulica [m^2/s].

E Módulo elástico o de Young [Pa].

E' Módulo de deformación confinado [Pa].

E_v Módulo edométrico o módulo de elasticidad confinado [Pa].

E_u Módulo elástico no drenado [Pa].

F_i Componentes cartesianas del vector de fuerzas de masa [N/m^3].

G Módulo de cortante o módulo de deformación transversal [Pa].

$\mathbf{K}$ Tensor de conductividad hidráulica [m/s].

K Módulo de compresión drenado del medio poroso [Pa].

K_f Módulo volumétrico del fluido [Pa].

K_p Módulo de compresión del volumen de poros [Pa].

K_s Módulo volumétrico del mineral o del esqueleto sólido [Pa].

K'_s Módulo volumétrico *unjacketed* del medio poroso isótropo [Pa].

K''_s Módulo volumétrico *unjacketed* del volumen de poros [Pa].

M Módulo de Biot [Pa].

P Presión diferencial, diferencia entre la de presión de confinamiento y la de poro [Pa].

S Capacidad de almacenamiento de un acuífero (adimensional).

S_s Almacenamiento específico o coeficiente hidrogeológico de almacenamiento [m^{-1}].

S_{su} Coeficiente de almacenamiento uniaxial [Pa^{-1}].

S_v Rendimiento específico de un acuífero (adimensional).

S_ε Coeficiente de almacenamiento medido en condiciones de volumen constante.

S_σ Coeficiente de almacenamiento medido en condiciones de tensiones de confinamiento constantes.

T_v	Transmisividad hidráulica [m²/s].
V	Volumen del elemento medio poroso [m³].
V_F	Volumen de la red de fracturas [m³].
V_f	Volumen de fluido intersticial [m³].
V_ϕ	Volumen efectivo de poros [m³].
V_p	Volumen de poros interconectados [m³].
$\mathbf{V}^f$	Vector de velocidad media de las partículas de fluido [m/s].
$\mathbf{V}^S$	Vector de velocidades medias de las partículas sólidas [m/s].
V_s	Volumen del esqueleto sólido [m³].
c_v	Coeficiente de consolidación [m²/s].
e_{ij}	Componentes de los tensores desviadores de deformaciones.
$\mathbf{f}$	Vector de fuerzas másicas.
$\mathbf{g}$	Vector de la aceleración de la gravedad [m/s^2].
h	Carga hidráulica o cota piezométrica [m].
k	Conductividad hidráulica del medio [m/s].
k_m	Conductividad *másica* hidráulica del medio [s].
$\vec{k}$	Vector unitario según el eje z.
m_f	Contenido de masa de fluido por unidad de volumen de referencia de medio poroso [kg/m³].
m_v	Compresibilidad confinada (caso unidimensional) en condiciones drenadas [Pa^{-1}].
p	Presiones intersticiales o de poro [Pa].
$\dot{p}$	Derivada temporal de la presión de poro [Pa/s].
p_c	Presión de confinamiento [Pa].
p_e	Presión de poro efectiva [Pa].
$\mathbf{q}$, q_i	Vector de caudal específico [m/s].
s_{ij}	Componentes del tensor desviador de tensiones [Pa].
$\mathbf{u}$	Campo vectorial de desplazamientos [m].
$\ddot{\mathbf{u}}^f$	Vector de aceleraciones de las partículas del fluido [m/s^3].
$\mathbf{v}$	Velocidad media de flujo del fluido [m/s].

1. ASPECTOS GENERALES Y CONTEXTO HISTÓRICO DE LA TEORÍA DE LA POROELASTICIDAD

1.1. Introducción

La presencia de un fluido en movimiento en un medio poroso (roca, suelo granular, tejido blando, materiales tecnológicamente avanzados, etc.) modifica su respuesta mecánica, debido fundamentalmente a dos mecanismos: por una parte, el incremento en la presión de poro induce una dilatación del conjunto poroso y una compresión de la fase sólida. Por otra, esta última tiende a producir un incremento de la presión de poro si el fluido tiene impedido salir de la red porosa (situación no drenada). Ambos mecanismos acoplados —un doble acoplamiento— confieren una especie de carácter dependiente del tiempo a las propiedades mecánicas del esqueleto sólido y del conjunto poroso. En cambio, si el incremento de presión intersticial producido por la compresión de la fase sólida puede ser disipado mediante difusión del fluido a través de la red porosa (por drenaje), se produce una mayor deformación en la fase sólida. Esta es más deformable bajo condiciones drenadas que no drenadas. En otras palabras, se puede enunciar dicho acoplamiento como un proceso de deformación-difusión, cuya primera formulación se remonta a la pionera teoría de la poroelasticidad de Biot, que la desarrolló entre 1941 y 1973.

La teoría de la poroelasticidad lineal permite estudiar el comportamiento mecánico de un medio poroso elástico lineal, total o parcialmente saturado de una fase fluida. El esqueleto sólido (o fase sólida), poroso, puede consistir en un medio granular o bien en un bloque con una red de poros aislados o también interconectados. La fase fluida puede contener aire, agua con o sin solutos, petróleo, gas o fluidos biológicos, según el caso. La presencia del fluido en los poros modifica la respuesta mecánica del esqueleto sólido en dos aspectos: por una parte, la dilatación del sistema en su conjunto; por otra, las compresiones en el esqueleto sólido tienden a aumentar las presiones del fluido intersticial en situación no drenada (sin variación del contenido de fluido en el medio poroso). A su vez, las variaciones de presión de poro se difunden a través del medio con el paso del tiempo.

Las posibles acciones mecánicas, térmicas, hidráulicas, o electroquímicas, sobre un medio poroelástico causan tensiones y deformaciones en los componentes o fases del sistema, entre las cuales existe una interacción que se traduce en su respuesta termo-hidro-mecánica.

Existen métodos o enfoques alternativos, basados en la teoría de las mezclas, para el estudio de la respuesta de medios porosos semisaturados o saturados (por ejemplo, Katsube y Carroll, 1987), pero no ofrecen ventajas apreciables respecto de la formulación de la poroelasticidad.

1.2. Contexto histórico de la teoría de los medios porosos con fluido intersticial

Karl von Terzaghi realizó entre 1925 y 1936 los estudios pioneros que resaltaban la importancia de la composición multifásica de los geomateriales porosos. Su trabajo puede considerarse como el origen de las teorías modernas de la poroelasticidad. Estableció el principio de las tensiones efectivas para geomateriales, que postula que cuando un suelo saturado se somete a una carga externa, una parte es soportada por el esqueleto del suelo poroso, y otra parte por el fluido intersticial. La identificación de esta capacidad del fluido intersticial para entrar en carga supuso un avance en la comprensión de la respuesta mecánica de geomateriales porosos saturados.

El desarrollo de la teoría clásica de la consolidación de suelos, que conllevaba la dependencia del comportamiento multifase de los geomateriales con el tiempo, supuso el segundo avance de los estudios de Terzaghi. Su teoría unidimensional postula que, para un suelo saturado con permeabilidad relativamente baja, el efecto de una carga externa es soportado inicialmente por el fluido de los poros, incrementando su presión. Con el paso del tiempo, las presiones del fluido intersticial se van disipando hasta que, al finalizar la consolidación, las cargas externas son soportadas únicamente por el esqueleto del suelo poroso.

Maurice Anthony Biot extendió en 1935 el trabajo científico de Terzaghi y desarrolló la primera teoría racional para el comportamiento mecánico de los materiales porosos. Consideró el suelo como un medio isótropo, linealmente elástico y el agua como incompresible fluyendo a través del esqueleto poroso. Desarrolló las ecuaciones generales para problemas tridimensionales para predecir los asientos y las tensiones. Para ello amplió la teoría de la elasticidad a un sistema de dos fases mediante la introducción de una nueva variable de deformación llamada *variación en el contenido de agua*, ligada al aumento de la presión del agua.

Biot amplió en 1941 su teoría de 1935. Estudió la respuesta elástica tridimensional del esqueleto sólido incluyendo la anisotropía elástica y su respuesta viscoelástica. Eliminó la hipótesis de componentes (sólido y agua) incompresibles. Sus ecuaciones de la poroelasticidad explican el fenómeno de propagación de ondas en medios porosos saturados. No hizo ninguna suposición sobre la isotropía u homogeneidad de la fase mineral; empleó el concepto de *variación de contenido de fluido, ζ,* que mide el cambio de volumen de fluido por unidad de volumen del medio poroso.

Terzaghi culminó su teoría de mecánica de suelos en 1943 bajo las hipótesis siguientes: suelo completamente saturado de agua, tanto el agua como los componentes sólidos del suelo son perfectamente incompresibles, el suelo está confinado lateralmente, un aumento en la tensión normal efectiva reduce el índice de huecos del suelo, junto con su principio de las tensiones efectivas, que relaciona la *tensión normal efectiva, σ',* con la *tensión normal total, σ,* y la *presión de poro p* mediante la expresión $\sigma' = \sigma - p$.

Un tercer hito en la formulación poroelástica lineal lo propició Fritz Gassmann en 1951. Investigó el comportamiento elástico de medios porosos isótropos bajo pequeñas variaciones de las tensiones, las cuales producen pequeñas deformaciones proporcionales y reversibles. Asumió implícitamente que no se produce reacción química entre el mineral del sólido y el fluido tal que se modifiquen sus respectivos módulos volumétricos. Consideró, además, que tanto el mineral sólido como el fluido intersticial son isótropos a escala macroscópica, y que la compresibilidad de los poros es igual a la de las partículas del sólido —hipótesis más bien ideal—. Su análisis se centró en el contexto cuasiestático (bajas frecuencias), lo que implica que el campo de presiones de poro se puede suponer constante al cabo de un tiempo suficiente. En su formulación consideró la compresibilidad del fluido como variable explícita; y como variables de campo la *presión de poro p* y la variación del contenido de masa de fluido. Definió relaciones entre las constantes elásticas drenadas (el *módulo volumétrico, K,* y el *módulo de deformación transversal, G*) con sus homónimas para condiciones saturadas y sin drenaje. Son válidas para medios porosos en los que el esqueleto sólido está formado por un único material. Dedujo dos ecuaciones que se han aplicado profusamente en la industria de hidrocarburos para identificar los fluidos que ocupan los poros y el monitoreo de yacimientos mediante la interpretación de velocidades de propagación de ondas sísmicas en materiales sedimentarios. La primera ecuación relaciona el módulo volumétrico de un medio rocoso poroso saturado, homogéneo e isótropo, con poros interconectados, con su módulo drenado, la porosidad, el módulo volumétrico del esqueleto sólido y la compresibilidad del fluido intersticial. Esta ecuación proporciona un medio para relacionar los parámetros elásticos del material poroso con la compresibilidad del fluido intersticial. La segunda ecuación afirma que el módulo de deformación transversal de una roca es independiente de la presencia de fluido intersticial.

Biot (1956) se apoyó en su teoría inicial para elaborar la formulación de la respuesta dinámica de medios porosos, así como la propagación de las ondas elásticas en medios porosos saturados. A la vista de los resultados de Gassmann, Biot y D. Willis revisaron en 1957 la formulación de Biot de 1941; describieron métodos para medir los coeficientes elásticos; discutieron su interpretación física bajo formas alternativas y continuaron el trabajo de 1955 de Biot sobre los parámetros elásticos anisótropos y las formas de medirlos empíricamente.

J. Geertsma (1957) fue el primero en aplicar la palabra *poroelasticidad* para describir la respuesta de un material elástico poroso después de apreciar la analogía de sus ecuaciones básicas con las de la termoelasticidad. Señaló explícitamente que *«la descripción matemática de la teoría macroscópica de la poroelasticidad es similar a la utilizada en la teoría de la termoelasticidad».* Sintetizó las teorías de Gassmann y de Biot, y las reformuló con base en parámetros con significado físico, tales como las compresibilidades del fluido y del esqueleto sólido, asequibles de ser medidas experimentalmente.

La década de 1950 fue además fructífera en ensayos experimentales sobre medios porosos rocosos saturados. Howard N. Hall (1953) mostró la repercusión de la compresibilidad efectiva de la roca en el cálculo del volumen de hidrocarburo disponible en un yacimiento parcialmente saturado. Hughes y Cook (1953) realizaron mediciones en laboratorio de la compresibilidad de los poros de areniscas con vistas a estimar el espacio poroso disponible en los yacimientos profundos. I. Fatt (1958, 1959) aportó un método de cálculo del conjunto de coeficientes de Biot-Willis para una arenisca porosa saturada a partir de datos de su textura y composición. Desde entonces la teoría de la poroelasticidad ha progresado gracias al apoyo experimental.

En 1962, Biot unificó en una formulación la mecánica de medios porosos y la propagación de ondas acústicas; incluso la amplió al caso de medios anisótropos teniendo en cuenta fenómenos de disipación en el sólido. Consideró el medio poroso como un sistema físico-químico con aspectos constitutivos de relajación y propiedades viscoelásticas. Supuso que los poros están interconectados, por lo que el fluido puede moverse libremente en su interior. Su formulación está planteada a escala macroscópica, tanto de desplazamientos promediados para cada fase, como de velocidades promediadas. Estos promedios se realizan sobre volúmenes de dimensiones características mucho mayores que las dimensiones de los poros. De esta forma, el tamaño medio de poro debe ser mucho menor que la longitud de onda.

Basándose en la teoría de Biot, Arnold Verruijt (1969) desarrolló la descripción lineal más general hasta entonces sobre el funcionamiento de un acuífero. Amos Nur y James D. Byerlee (1971), a partir de ensayos con areniscas, postularon que en la expresión del principio de las tensiones efectivas de Terzaghi había que multiplicar la presión de poro, p, por el *coeficiente de Biot-Willis*, α_B, es decir, $\sigma' = \sigma - \alpha_B p$. Definieron la *presión de poro efectiva*, p_e, como la que realmente causa las deformaciones del esqueleto sólido, $p_e = p_c - \alpha_B p$, en la cual p_c es la *presión de confinamiento*.

En 1973, Biot abordó el estudio de la elasticidad no lineal y desarrolló una teoría de deformaciones finitas en medios porosos, afirmando que se elevaba la mecánica de medios porosos al mismo nivel que la teoría clásica de las deformaciones finitas en elasticidad.

En 1975, Robert Brown y Jan Korringa generalizaron el modelo de Gassmann a medios heterogéneos incluyendo un solo parámetro adicional, la compresibilidad de los poros. Desarrollaron una expresión que relaciona las propiedades elásticas de un material poroso con la compresibilidad del fluido intersticial.

Partiendo de la teoría de consolidación de Terzahi, A. W. Bishop (1973, 1976) estableció, bajo condiciones no drenadas, la relación entre la presión de poro y las compresibilidades del volumen poroso, del esqueleto sólido, de los granos del sólido y la porosidad. Consideró que los poros están interconectados, que el material sólido es homogéneo e isótropo y que el fluido (generalmente agua) que llena el espacio poroso es linealmente compresible. Su formulación converge con las de Gassmann y de Geertsma. Además, amplió el estudio de Skempton (1954) sobre el *coeficiente de presión de poro no drenado*, B, para rocas y propuso mejoras en los ensayos experimentales para determinar las compresibilidades de las fases.

A partir de la teoría de Biot de 1941 y de los resultados de Brown y Korringa (1975), James Rice y Michael Cleary (1976) formularon la poroelasticidad en función de cinco parámetros más manejables y susceptibles de interpretación física: el módulo de cortante, G, los coeficientes de Poisson drenado, ν, y no drenado, ν_u, la permeabilidad intrínseca, κ, y el coeficiente de presión de poro, B, de Skempton. Dedujeron por primera vez la expresión del coeficiente de Poisson no drenado, ν_u, en función del homónimo drenado, del coeficiente de Biot-Willis, α_B, y el coeficiente de Skempton. Escribieron los módulos de Biot en términos de parámetros constitutivos que enfatizan las respuestas límites, drenada (presión de poro constante) y no drenada (sin flujo) a largo y corto plazo, respectivamente. Su formulación simplificaba considerablemente la interpretación de los fenómenos poroelásticos a largo plazo. También reformularon el problema de la consolidación en función de los coeficientes no drenados.

Robert W. Zimmerman (1986) se apoyó en la formulación de Geertsma (1957) para sus estudios de los yacimientos deformables en areniscas de Berea, Bandera y Boise. Consideró dos presiones actuantes independientemente sobre la roca (la de confinamiento y la intersticial) y dos volúmenes independientes (el del compuesto y el de poros), por lo que definió cuatro compresibilidades como coeficientes de unas ecuaciones constitutivas asociadas a las variaciones relativas del volumen total de roca y del volumen de poros. Comprobó que las cuatro compresibilidades en rocas porosas suelen depender de la presión de confinamiento. Definió el concepto de *presión efectiva* como la diferencia entre la de confinamiento y la de poro. Desde entonces ha realizado notables aportaciones en aspectos prácticos de la geomecánica y explotación de yacimientos de hidrocarburos.

James G. Berryman[1] y Graeme Milton (1991) ampliaron la formulación de Gassmann a un medio poroso cuya fase sólida consta de dos componentes. Dedujeron fórmulas exactas para los módulos volumétricos de las fases sólidas, dos parámetros elásticos necesarios para describir la propagación de ondas en un medio compuesto de dos tipos de sólidos porosos. Dichos parámetros habían sido introducidos por primera vez por Brown y Korringa en 1975: el módulo volumétrico K'_s asociado con cambios en el volumen total del compuesto; y el módulo volumétrico K_ϕ asociado al volumen de los poros cuando la presión del fluido, p, y la presión de confinamiento, p_c se incrementan, manteniendo constante la presión diferencial, $P = p_c - p$, entre ambas (ensayo *unjacketed*).

Emmanuel Detournay y Alexander Cheng (1993) realizaron una revisión notable de la teoría de la poroelasticidad, de los métodos analíticos y numéricos para resolver algunos de sus problemas fundamentales. Realizaron un esfuerzo por relacionar y unificar los diversos enfoques existentes.

Basándose en el trabajo de Geertsma, Zimmerman (2000) avanzó en las aplicaciones de la poroelasticidad a la geomecánica, la fractura hidráulica y el almacenamiento subterráneo de residuos radiactivos. Afirmó que el parámetro principal del acoplamiento poroelástico entre la deformación mecánica y la presión de poro es el producto del coeficiente de Biot-Willis por el de Skempton. Para medios rocosos saturados, su valor está comprendido entre 0,1 y 1, lo cual implica que la deformación mecánica ejerce mucha influencia sobre la presión de poro. Afirmó también que el parámetro de acoplamiento termoelástico se puede representar como el cociente entre la energía elástica de deformación y la energía total térmica almacenada en el medio. Su valor suele ser más bien bajo, por lo cual los campos de tensiones y deformaciones apenas afectan al de temperaturas, aunque no al contrario. Para condiciones de deformación uniaxial revisó la validez de la relación entre el módulo de compresibilidad del medio y el coeficiente de compactación uniaxial; formuló una expresión de la compresibilidad de los poros y analizó el efecto de la presión de poro sobre las tensiones laterales.

Herbert F. Wang (2000) recopiló y sintetizó las ecuaciones que rigen la poroelasticidad lineal aplicada a la geomecánica y la hidrogeología, junto con las soluciones a algunos problemas clásicos. Enfatizó especialmente la interpretación física de las variables poroelásticas. Particularizó las ecuaciones para algunas configuraciones geométricas concretas: dominios infinitos, deformación uniaxial, deformación plana, simetría uniaxial y axilsimetría.

Olivier Coussy (2004) reformuló la teoría de Biot de 1941, sobre la base de la no linealidad material y grandes desplazamientos a partir de consideraciones termodinámicas. Planteó una formulación en la que las ecuaciones constitutivas poromecánicas para un medio poroelástico (de macroporos) en condiciones isotérmicas relacionan una tensión de confinamiento, unas tensiones tangenciales (desviadoras) y la presión de poro con la variación de porosidad (entre el estado real y el estado de referencia), la *deformación volumétrica ε* y unas deformaciones (desviadoras) del medio.

Los modelos tradicionales de Gassmann (1951) y de Brown-Korringa (1975), válidos bajo la hipótesis de que el fluido que llena los poros carece de rigidez transversal, se han aplicado en la industria del petróleo para identificar la sustitución de fluido intersticial en una roca porosa. A partir de estas formulaciones, Ciz y Shapiro (2007) generalizaron las ecuaciones al caso en que es un sólido el que ocupa los poros.

Posteriormente, David Hart y Herbert Wang (2010) demostraron experimentalmente que la compresibilidad de los poros difiere de la de los granos del sólido cuando existen heterogeneidades en el material. Leon Thomsen (2010) refinó la fórmula de Gassmann, resaltó la diferencia entre la compresibilidad de los poros, la compresibilidad no confinada de la roca y la compresibilidad de las partículas del sólido, siendo todos ellos parámetros dependientes de la composición física y química de la roca.

Mediante ensayos experimentales en areniscas y calizas, Ali Tarokh y Roman Makhnenko (2019) encontraron diferencias apreciables entre el *módulo de compresión no confinado del medio poroso K'_s* y el *módulo de compresión de la fase sólida K_s* cuando esta está constituida por más de un mineral.

Verruijt (2013) reelaboró la formulación en condiciones drenadas y no drenadas para geomecánica basada en la de Biot, en la cual la presión de poro es una variable independiente. Consideró, por hipótesis, la fase sólida constituida por un único componente. Su formulación comprende las ecuaciones básicas de la elasticidad lineal (las de equilibrio interno expresadas en tensiones, las relaciones constitutivas y las relaciones cinemáticas —ecuaciones de compatibilidad y relaciones deformaciones-

---

1. http://sepwww.stanford.edu/sep/berryman/porousmedia.html

desplazamientos—), el principio de las tensiones efectivas, el principio de conservación de la masa y la ley de Darcy de flujo en medios porosos.

Andi Merxhani (2016) recopiló ambas descripciones, drenada y no drenada, de la formulación lineal de la poroelasticidad en un medio isótropo saturado; consideró la presión de poro como variable independiente. Su formulación no drenada concuerda con la establecida por Rice y Cleary (1976). Amplió la formulación de Verruijt al caso no drenado en el que la fase sólida puede estar constituida por varios componentes y los poros pueden estar ocluidos o interconectados. Empleó el *coeficiente de almacenamiento* S_ε como parámetro y definió la *variación de contenido de fluido,* ζ, como variable —conjugada de la presión de poro—. Dedujo la ecuación constitutiva a partir de la ecuación de balance de la masa de fluido, en la que incluye el efecto de la compresibilidad *unjacketed* del volumen de poros. Esta compresibilidad engloba los efectos de los huecos y grietas ocluidos dentro del esqueleto sólido y de la existencia de múltiples constituyentes sólidos. Determinó las relaciones entre los parámetros poroelásticos no drenados y los homónimos drenados. Entre ellas se incluye la ecuación de Gassmann, que expresa el módulo volumétrico no drenado en función de su homónimo drenado, el módulo de Biot, M, y el coeficiente de Biot-Willis, α_B. Su gran aportación consistió en propugnar una formulación de la poroelasticidad isotérmica isótropa lineal sencilla en función de coeficientes con significado físico: presión de poro, almacenamiento y coeficientes no drenados.

La teoría de la poroelasticidad de Biot ha gozado de gran aceptación por la comunidad geomecánica, en la cual se han desarrollado soluciones analíticas y métodos numéricos y computacionales diversos, algunos de los cuales se mencionan en el capítulo 5.

Algunos de los estudios recientes avanzados de la teoría de la poroelasticidad dignos de mención son los de R. W. Zimmerman (2000), H. F. Wang (2000), J. G. Berryman (2006), O. Coussy (2004; 2005; 2008; 2010), M. A. Augustin (2015), A. Verruijt (2013; 2017; 2018), A. H. D. Cheng (2016), R. Serpieri y F. Tarvascio (2017), entre otros.

1.3. Aplicaciones clásicas de la teoría de la poroelasticidad

Las primeras aplicaciones de la teoría de la poroelasticidad fueron los estudios de la consolidación de terrenos, la subsidencia producida por extracción de agua del subsuelo y la fractura hidráulica. El interés renovado ha impulsado la modificación de la teoría clásica de Biot para describir otros fenómenos más complejos, tanto del esqueleto poroso como del fluido intersticial.

Desde la década de 1960 comenzó a ser objeto de investigación el acoplamiento entre los procesos hidráulicos y los mecánicos en rocas fracturadas ocasionados por actividades antrópicas. Diversos terremotos inducidos por inyección de fluidos a presión, procesos industriales que emplean la fractura hidráulica, algunas roturas de presas, deslizamientos de terreno, entre otros eventos, fueron atribuidos a los efectos de las interacciones hidromecánicas. La aparición de los medios computacionales permitió agregar las diversas físicas implicadas en los procesos no lineales mediante análisis hidromecánicos acoplados.

La teoría de la poroelasticidad se ha aplicado ampliamente en las últimas décadas en áreas tan diversas como la biomecánica de tejidos blandos, de huesos, el flujo multifase con transporte en medios porosos —con especial mención a aplicaciones en geomecánica ambiental y de extracción de recursos energéticos—, en hidrogeología, en aplicaciones geofísicas asociadas a los fenómenos sísmicos y en el estudio de materiales avanzados como espumas microcelulares saturadas y compuestos poliméricos. Se han abordado tanto planteamientos estáticos como dinámicos, con flujo monofásico o multifásico.

Ante las necesidades del sector energético ligadas a los yacimientos subterráneos, en la década de 1990 recibieron gran impulso las formulaciones de la poroelasticidad que consideraban modelos de doble porosidad y doble permeabilidad; es decir, porosidad de almacenamiento con baja permeabilidad y porosidad de transporte con permeabilidad elevada. En este sentido, Berryman y Wang (1995) generalizaron la teoría de Biot a medios fracturados para incluir tanto la porosidad de la matriz sólida como la de las grietas o fracturas, con permeabilidades significativamente diferentes entre sí. Plantearon posibles experimentos de laboratorio para medir los seis módulos elásticos independientes de un sistema isótropo de doble porosidad y propusieron modelos para estimar cuantitativamente los valores de dichos parámetros en las diversas aplicaciones geomecánicas. Posteriormente (Berryman y Pride, 2002), propusieron dos modelos para determinar las seis constantes geomecánicas bajo condiciones de isotropía, así como sus expresiones correspondientes.

Las simulaciones numéricas, los ensayos experimentales y las mediciones de campo han constatado en décadas recientes que existe una relación estrecha entre las sobrepresiones producidas por la inyección de fluidos en la proximidad de fallas y el desencadenamiento de terremotos inducidos (Segall, 1989; Rutqvist y Stephansson, 2003; Cueto-Felgueroso *et al.*, 2017). Esta misma evidencia se ha apreciado en instalaciones geotérmicas (Andrés *et al.*, 2019).

1.4. Aplicaciones recientes de la teoría de la poroelasticidad

Si un material poroso hidratado se somete a un enfriamiento uniforme por debajo del punto de congelación del agua, experimenta una criodeformación que combina diversas acciones: (1) la diferencia de densidad entre el agua líquida y los cristales de hielo genera un aumento de la presión en los poros al comienzo de la cristalización; (2) los efectos interfaciales que surgen entre los diferentes constituyentes, que rigen el proceso de cristalización en conexión con la distribución del radio de acceso a los poros; (3) el drenaje del agua líquida expulsada de las zonas congeladas hacia los poros vacíos; (4) el proceso de criosucción a medida que la temperatura desciende, que impulsa el agua líquida hacia los poros ya congelados; (5) el acoplamiento termomecánico entre la matriz sólida, el agua líquida y el cristal de hielo. Coussy (2004; 2005; 2008; 2010) elaboró una teoría poromecánica macroscópica integral capaz de abarcar este conjunto de acciones.

Pero la poromecánica convencional no da respuesta adecuada cuando los poros tienen tamaño nanométrico: se considera que el tamaño de un microporo es menor de 2 nm, del orden del rango característico de fuerzas intermoleculares; el de un mesoporo está comprendido entre 2 nm y 50 nm; y el macroporo tiene un tamaño mayor de 50 nm, fuera del rango de las acciones intermoleculares.

Algunas aplicaciones de la poromecánica de medios microporosos son el secuestro de CO_2 en yacimientos de carbón o el almacenamiento de hidrógeno en estructuras orgánico-metálicas. En los poros de tamaño nanométrico, las moléculas de fluido están en un estado de adsorción: interactúan con los átomos de la matriz sólida, por lo cual ya no están en su estado general. La adsorción de moléculas de fluido en un medio microporoso puede causar que el medio se hinche o se deforme. Por ejemplo, una esponja de uso doméstico encoge cuando se seca.

Pijaudier-Cabot *et al.* (2011) revisaron la formulación de la poromecánica de medios microporosos saturados para incluir los efectos volumétricos adicionales debidos a la adsorción y al confinamiento de las moléculas del fluido en los poros más pequeños. Desde el punto de vista mecánico, estos fenómenos dan lugar a deformaciones volumétricas del sólido poroso: el fenómeno denominado *hinchamiento* o *entumecimiento*. Sus estudios concluyeron que la presión y la densidad del fluido alojado en los poros más pequeños son los causantes de la deformación volumétrica del material. Su formulación introduce dos nuevos parámetros: una porosidad aparente y una energía libre de interacción, que a su vez relacionan con la entalpía libre de Gibbs.

Las diversas aplicaciones del ámbito energético requieren comprender y modelar dicho acoplamiento entre adsorción y deformación. Por ejemplo, el carbón subterráneo se hincha al inyectar CO_2, lo que reduce la permeabilidad del lecho de carbón del yacimiento puede perjudicar la viabilidad económica de tales sistemas de secuestro geológico de CO_2 (Qu *et al.*, 2012; Espinoza *et al.*, 2013; Vandamme *et al.*, 2015).

La respuesta poromecánica de un medio microporoso a la adsorción depende en gran medida de la distribución del tamaño de los poros. Este aspecto se tiene en cuenta a través del concepto de *conmensurabilidad* (es decir, la relación entre el tamaño de los poros y el de las moléculas de fluido). La cantidad de fluido adsorbido depende tanto de la presión del fluido como de la deformación del medio. Este fenómeno repercute decisivamente en el comportamiento poromecánico de un medio microporoso.

Brochard *et al.* (2012) desarrollaron una formulación de la poroelasticidad válida para un medio poroso genérico, incluso con poros nanométricos, a partir de la relación de Gibbs–Duhem en condiciones isotérmicas. Realizaron simulaciones moleculares en medios microporosos unidimensionales. Si bien un medio microporoso seco puede responder linealmente (es decir, su módulo volumétrico es independiente de la deformación), mostraron que el fenómeno de la adsorción de fluido puede inducir un comportamiento no lineal (es decir, su módulo volumétrico drenado puede depender significativamente de la deformación), y que la adsorción puede conllevar un coeficiente aparente de Biot negativo o incluso mayor que 1 en medios microporosos. Para su modelo unidimensional de microporos con diversidad de tamaños de poros, sus simulaciones moleculares mostraron que la cantidad de fluido adsorbido depende linealmente de la deformación del medio.

Dedujeron ecuaciones constitutivas linealizadas, válidas cuando la relación entre la cantidad de fluido adsorbido y la deformación es lineal. Las aplicaron satisfactoriamente al caso de la adsorción de metano en un modelo microporoso real de carbón. Brochard y Honorio (2020) reformularon la teoría de la poromecánica de medios microporosos sin emplear la hipótesis de Gibbs-Duhem. Argumentaron que la adsorción de fluidos en medios microporosos altera el comportamiento termomecánico de los fluidos, en concreto la extensividad con respecto al volumen, por lo que la ecuación de Gibbs-Duhem deja de ser válida para fluidos adsorbidos.

1.5. Alcance de este manual

En este manual se recopilan los fundamentos de la teoría de la poroelasticidad lineal en su formulación estática (en 1D y 3D) y se incluyen algunas aplicaciones prácticas clásicas. La escala de dimensiones utilizada para la formulación se entiende como macroescala, es decir, longitudes y tamaños mucho mayores que la microescala (tamaño de poro tal que las fuerzas intermoleculares repercuten en la respuesta hidromecánica del medio).

Las variables cinemáticas empleadas son los movimientos (traslaciones), las deformaciones (componentes del tensor de deformaciones infinitesimales) y la porosidad (el cociente entre el volumen de poros y el volumen total del medio poroso). Las variables estáticas y dinámicas empleadas son las tensiones (componentes del tensor de Cauchy), la presión de poro (campo escalar) o su conjugada, la variación del contenido de masa de fluido.

Las hipótesis esenciales que subyacen a la formulación aquí empleada son la reversibilidad (no se pierde energía) y linealidad (proporcionalidad entre acciones y efectos).

En esencia, el punto de partida para la formulación de la teoría de la poroelasticidad lineal es el conjunto de las ecuaciones de la elasticidad lineal, es decir, las ecuaciones de equilibrio interno, las relaciones constitutivas del esqueleto sólido, la definición de las deformaciones infinitesimales, las relaciones cinemáticas entre deformaciones y desplazamientos junto con la ecuación de conservación de masa de fluido y la de flujo de fluido a través del medio poroso —normalmente la teoría de Darcy—.[2] La ecuación de conservación de la masa de fluido expresa que no hay pérdida de masa de fluido; la ecuación de flujo de Darcy, la más frecuentemente usada en aplicaciones poroelásticas, es un caso particular de la de Navier-Stokes.

La importancia del acoplamiento poroelástico en una situación física concreta depende de la relación entre la tasa de flujo del fluido intersticial y la tasa de cambio del estado tensional en el sólido. Por ello, las situaciones drenada y no drenada son los casos límites de aplicación de carga lenta y rápida sobre un cuerpo poroso, respectivamente. La aplicación lenta de una carga sobre un volumen concreto de compuesto poroso apenas hace variar la presión del fluido, pues este tiene tiempo suficiente para fluir y equilibrarse con las condiciones de algún contorno exterior. En cambio, si la carga es rápida apenas da tiempo a que entre o salga líquido del volumen. Por consiguiente, las respuestas drenada y no drenada se caracterizan mediante módulos poroelásticos diversos, luego los parámetros tales como el módulo volumétrico, el coeficiente de Poisson o la constante de Lamé, difieren necesariamente según se trate de respuesta drenada o no drenada, independientemente de las condiciones de tensiones o deformaciones existentes en los contornos del volumen considerado.

En este contexto, se emplean diversos coeficientes:

— Los parámetros elásticos lineales de un material homogéneo e isótropo en condiciones drenadas: K, E, G, λ, ν, de los cuales solo dos son independientes. Las constantes homónimas se designan con el subíndice «u» en el caso no drenado: $K_u, E_u, G_u, \lambda_u, \nu_u$.

— Un parámetro determinante es el coeficiente de Biot-Willis, α_B. Representa el cociente entre el incremento de volumen de fluido y el incremento de volumen de elemento de esqueleto sólido en condiciones drenadas. También expresa qué cantidad de la presión de poro se transfiere a la matriz sólida como deformación, es decir, la susceptibilidad de la matriz rocosa a la presión de poro. Varía entre la porosidad del medio, ϕ, y 1. Para suelos blandos su valor es próximo a 1. Se sabe que α_B en un terreno decrece con la profundidad, pues los granos del material poroso se compactan más, reduciéndose el volumen del espacio disponible para el flujo de fluidos. En consecuencia, la capacidad del fluido intersticial para influir en la deformación de la matriz sólida disminuye, lo

---

2. Este es también el elenco de ecuaciones que empleó A. Verruijt (2017) en su formulación de la poroelasticidad aplicada a la mecánica del suelo.

que conduce a una disminución del coeficiente de Biot con la profundidad.

— El *coeficiente de almacenamiento*, en sus diversas acepciones, ligadas a los respectivos campos de aplicación, entre ellos la geomecánica y la hidrogeología.

— El *módulo de Biot*, $M = \lambda + 2G$, que es el inverso de S_ε, el *coeficiente de almacenamiento medido en condiciones de volumen constante*.

— El *coeficiente de difusividad hidráulica, D*, empleado en aplicaciones de hidrogeología.

— El *coeficiente de presión de poro B* de Skempton. Expresa que si se aplica repentinamente una compresión externa a un pequeño volumen de material poroso saturado recubierto por una membrana impermeable, la presión de poro inducida es *B* veces la compresión aplicada (Wang, 2000). Está directamente relacionado con el parámetro de Biot-Willis y con el coeficiente de almacenamiento. Varía entre 0 y 1, aunque teóricamente es posible un valor mayor que 1 (Cheng, 2016).

En el capítulo 2 se recogen los conceptos preliminares esenciales para el estudio de la poroelasticidad lineal: propiedades drenadas, no drenadas y confinadas, la porosidad, la presión de poro, el principio de las tensiones efectivas y las definiciones de la gama de compresibilidades y módulos volumétricos relacionados con los medios porosos con presencia de fluido intersticial. Se describe el doble acoplamiento del sistema fluido-matriz sólida.

En el capítulo 3 se recopilan las ecuaciones del flujo en medios porosos y los conceptos relacionados: presión y cota piezométrica, permeabilidades y conductividad hidráulica, difusión, flujo de Darcy 1D y 3D, coeficientes de almacenamiento en sus diversas acepciones y la ecuación de continuidad.

En el capítulo 4 se describen las ecuaciones constitutivas de la poroelasticidad lineal junto con los parámetros fundamentales. Con objeto de resaltar el efecto del acoplamiento producido por el fluido intersticial, se incluyen las ecuaciones del medio seco elástico isótropo y las del medio poroelástico isótropo. Análogamente se incluyen las ecuaciones correspondientes a los casos anisótropo y anelástico bajo condiciones drenadas y no drenadas.

En el capítulo 5 se aborda el tratamiento numérico de la poroelasticidad lineal, con aplicación al problema poroelástico 1-D. Se particularizan las ecuaciones constitutivas, la de difusión del fluido, se resumen conceptos de algoritmos de resolución numérica aplicables y se plantea el problema poroelástico 1D.

El capítulo 6 aborda dos problemas clásicos de aplicación de la formulación unidimensional de la poroelasticidad: el problema de la columna poroelástica y el de la consolidación de un estrato poroelástico de espesor finito planteado por Terzaghi.

El problema formulado por primera vez por Terzaghi versa sobre la consolidación de una capa de terreno sometida a una compresión en el contorno superior y bajo la hipótesis de paredes verticales indeformables.

También se enuncian las ideas y expresiones generales referidas al proceso de congelación de un poro.

Se describe asimismo el potencial efecto del fluido intersticial en lo que se conoce como el *rebote poroelástico* posterior a un terremoto, consistente en que las deformaciones estáticas ocasionadas por el sismo (deformaciones en el macizo y desplazamientos en superficie) se recuperan parcialmente con el tiempo a causa del efecto poroelástico.

2. CONCEPTOS PRELIMINARES ESENCIALES PARA EL ESTUDIO DE LA POROELASTICIDAD LINEAL

2.1. Introducción

La poroelasticidad estudia la interacción entre un material poroso y el/los fluidos que ocupan los poros. A menudo la fase material sólida (sea granular o roca) se denomina *matriz*.

La resistencia a compresión de un material poroso que contiene un fluido que ocupa parcialmente los poros resulta de la contribución de tres elementos. Ciertamente las rigideces de las fases sólida y fluida aportan gran parte de la resistencia del compuesto. Es menos obvia la tercera: el espacio poroso también aporta una cierta resistencia, si bien menor que las anteriores. Su valor depende del tamaño, forma, orientación y distribución de los poros. Por ejemplo, en materiales granulares, la compresibilidad —inversa de la rigidez— procede principalmente de las fases fluida y del volumen de poros; y su resistencia viene determinada principalmente por la compacidad y encaje de las partículas granulares sólidas, no tanto por el mineral que las compone (Cheng, 2016).

Se considera el medio poroso como un continuo, de forma que pueden referirse las relaciones matemáticas al entorno de un punto (o volumen diferencial). Las ecuaciones que desarrollan la teoría de la poroelasticidad lineal son las relaciones constitutivas lineales del medio poroso, las ecuaciones de equilibrio interno, la de balance de masa de fluido y la ley de Darcy. Sustituyendo esta y las relaciones constitutivas en la ecuación de balance de masa, el sistema anterior se reduce a otro de ecuaciones diferenciales en derivadas parciales, cuyas incógnitas son los tres desplazamientos de los puntos del sólido y la presión del fluido o intersticial.

En los acuíferos y yacimientos geotérmicos, los valores de los diversos parámetros referidos a roca seca o a roca húmeda están determinados por el grado de saturación, la porosidad, la permeabilidad, presión y temperatura. En comparación con el vapor o el aire, el agua líquida es casi incompresible; lo cual tiende a reducir tanto la deformación del volumen de huecos como la rigidez de las rocas. Por tanto, la estructura cohesiva de las rocas se debilita por la presencia de líquido intersticial.

Desafortunadamente, no existe consenso sobre las definiciones y las notaciones de los parámetros físicos básicos en la teoría de la poroelasticidad o de la consolidación. Según los enfoques que se empleen, las constantes poroelásticas se pueden agrupar en las siguientes categorías (Wang, 2000): (1) las compresibilidades o sus inversos, los módulos volumétricos; (2) el coeficiente de Poisson; (3) la capacidad de almacenamiento; (4) el coeficiente de expansión poroelástica, que describe la relación entre la variación de volumen y la variación de presión del fluido en un material poroso; (5) el coeficiente de acumulación de presión intersticial no drenada, y (6) el módulo de deformación transversal, G. Se admite que su valor es el mismo para los casos drenado y no drenado (Gassmann, 1951).

Las relaciones experimentales entre las tensiones y las deformaciones volumétricas se basan en la definición de las siguientes presiones actuantes en el medio poroso (Figura 2.1):

— *Presión de confinamiento*: p_c. Se considera positiva si comprime al medio poroso.
— Presión de poro o intersticial: p. En lo que sigue, se considera positiva cuando comprime al esqueleto sólido.
— Presión diferencial: $P = p_c - p$.
— Presión efectiva: $p_e = p_c - \alpha_B p$.

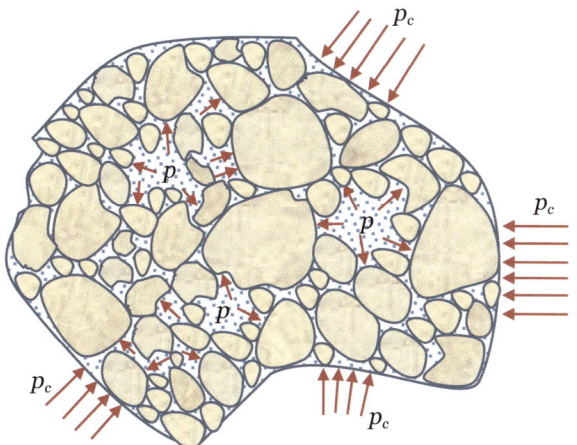

Figura 2.1. Definiciones asociadas a las presiones actuantes sobre el medio poroso.

2.2. Propiedades drenadas, no drenadas, confinadas *(jacketed)* y no confinadas *(unjacketed)*

Los modelos constitutivos poroelásticos se caracterizan mediante constantes materiales, cuya determinación requiere ensayos experimentales. Geerstma (1957) y Biot y Willis (1957) propusieron ensayos de laboratorio conocidos como *jacketed* y *unjacketed* para determinar las propiedades elásticas de compuestos porosos homogéneos e isótropos. Esta nomenclatura persiste hoy día, incluso en la terminología en español. Sin embargo, a veces se traduce la primera como encamisado, empaquetado o confinado; y la segunda como no confinado, sin empaquetar o «de la estructura». De hecho, pueden realizarse ambos tipos de ensayo en un mismo aparato (Figura 2.2). Mediante el control adecuado de la presión en la cámara, p_c, y de la presión intersticial, p, a través del acceso del drenaje, se puede generar cualquier combinación de parejas de valores (p_c, p).

Además, si se disponen orificios de drenaje en las tapas superior e inferior, en el ensayo drenado se puede controlar la presión intersticial mediante el intercambio de fluido con la probeta. Contrariamente, para el ensayo no drenado pueden disponerse tapas impermeables. En consecuencia, se pueden identificar dos tipos de respuesta volumétrica de un cuerpo poroelástico, correspondientes a sendas respuestas límites del material poroso (Wang, 2000):

— La respuesta drenada, caracterizada por que la presión de poro mantiene su valor inicial, es decir, el líquido puede escapar libremente del medio poroso ($\Delta p = 0$).
— La respuesta no drenada, en la que el fluido queda atrapado en el medio poroso ($\zeta = 0$).

Se suelen considerar las respuestas no drenada y drenada como los dos estados límite de un cuerpo poroso sometido a una carga, uno en $t = 0^+$ y el otro en $t \to \infty$. En la práctica, las demás respuestas están comprendidas entre ambos casos.

La formulación experimental de la poroelasticidad considera diversas condiciones de estado para los parámetros implicados en las relaciones constitutivas. Así, se definen diversos tipos de compresibilidad, claves para describir el acoplamiento de los flujos de masa y energía con la deformación del medio poroso. En la literatura se manejan cuatro tipos de módulos de compresión y dos clases de deformaciones (drenadas y no drenadas), que representan casos límites (Biot, 1941, Fjaer *et al.*, 1992, Wang, 2000; Guéguen y Boutéca, 2004):

— Condiciones drenadas: se dispone la probeta de modo que la presión de poro permanezca constante. Al aplicar la carga Δp_c la presión de poro aumenta inicialmente debido al efecto observado por Skempton: $\Delta p = B\Delta p_c$. La válvula abierta (Figura 2.2) permite al fluido intersticial salir de la probeta hasta restaurar la presión de poro inicial. Biot lo denominó «sistema abierto». El ensayo da la respuesta a largo plazo, cuando se recupera la presión inicial. El esqueleto sólido soporta toda la carga Δp_c. Se miden el volumen de fluido evacuado y el cambio de volumen de la muestra; su cociente es el coeficiente de Biot, α_B (sección 2.9). Asimismo, el volumen de fluido evacuado es igual a la reducción del volumen de poros. Se define además un parámetro elástico clásico, clave de la poroelasticidad lineal: el *módulo de compresión* o *módulo volumétrico del medio poroso*, K (sección 2.8.1).

— Condiciones no drenadas: se recubre la probeta con una membrana impermeable para mantener constante su contenido de fluido ($\zeta = 0$) y se sumerge en un fluido que la confina. Biot lo denominó «sistema cerrado». Al aplicar la carga Δp_c, se pueden medir los cambios instantáneos en la presión de poro, Δp, si se conecta un tubo con el interior de la probeta (Cheng, 2016). Se pueden medir también las deformaciones volumétricas. Del ensayo resultan el *coeficiente de presión de poro de Skempton*, $B = \Delta p / \Delta p_c$ (sección 2.10) y el *módulo volumétrico no drenado*, K_u, que mide la resistencia del medio poroso a las deformaciones volumétricas producidas al aumentar la presión de confinamiento, Δp_c, cuando el contenido de fluido permanece constante (sección 2.8.1).

— En el ensayo encamisado o confinado *(jacketed)* se recubre la muestra con una lámina impermeable (para evitar el intercambio de fluido con la cámara) y se somete la muestra a un incremento de presión en la cámara Δp_c. Para asegurar que la presión de poro se mantiene constante, se conecta el tubo desde el interior de la probeta con la atmósfera. La modalidad convencional de este ensayo se realiza sobre una probeta seca, si bien puede no exhibir las mismas propiedades que la muestra saturada (Biot y Willis, 1957). El coeficiente de compresibilidad así medido es la compresibilidad drenada del material poroso, C (Mexhani, 2016).

— En el ensayo *unjacketed* (Biot y Willis, 1957) se sumerge la probeta en una cámara llena de fluido, que puede permear el espacio poroso de la muestra. El incremento de presión del fluido en la cámara, Δp_c, produce un cambio igual en la presión intersticial, Δp. En estas circunstancias, los poros no afectan a la deformación de la probeta por tener la misma presión que la fase sólida, o sea, $P = 0$. La probeta, incluidos los poros, se encuentra en un estado de tensión isótropa homogénea y «parece» como si no tuviera poros. Luego la deformación medida es la del mineral sólido (Nur y Byerlee, 1971; Guéguen y Boutéca, 2004). Es decir, el *coeficiente de compresibilidad unjacketed* así medido coincide con la compresibilidad de la fase sólida, C_s (sección 2.8.3). Este ensayo permite obtener las características del medio poroso ideal (Tarokh y Makhnenko, 2019). También se puede recubrir la probeta con una membrana y aplicar incrementos iguales de presión en la cámara, Δp_c, e intersticial Δp, manteniendo constante la presión efectiva (diferencial), es decir,

$$\Delta P = \Delta p_c - \Delta p = 0 \Rightarrow P = p_c - p = cte$$

Si la muestra es microscópicamente isótropa y homogénea, el material sólido y la probeta en su conjunto experimentarán una deformación de volumen uniforme sin cambio de porosidad. Esto implica que la fase sólida y la probeta se deforman en las mismas proporciones, es decir, se cumple la condición:

$$\frac{\Delta V_S}{V_S} = \frac{\Delta V}{V} \tag{1}$$

Entonces el *módulo de compresibilidad no confinado* (*unjacketed*) del compuesto, K_s', se refiere a un ensayo en el que la presión diferencial P se mantiene constante, $\Delta P = 0$ (Figura 2.2). Su inverso es la compresibilidad *unjacketed* del medio poroso:

$$\frac{1}{K_s'} = -\frac{1}{V}\left(\frac{\partial V}{\partial p}\right)\bigg|_{P=cte} \tag{2}$$

Además, se cumple que (Bundschuh y Suárez-Arriaga, 2010; Wang, 2000):

$$\frac{1}{K_s'} = \frac{1 - \alpha_B}{K}.$$

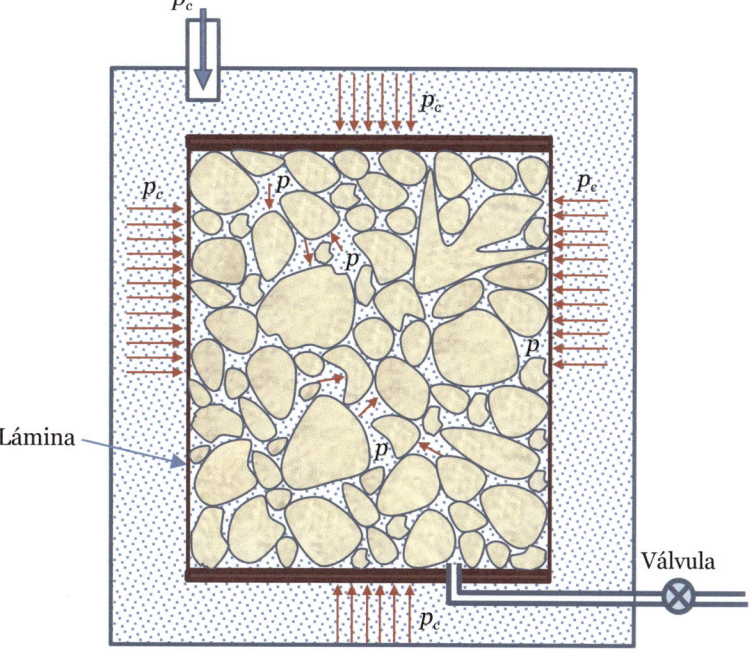

Figura 2.2. Cámara para ensayos de compresibilidad *jacketed* y *unjacketed*. En el primero, se aplica una presión de confinamiento p_c y se mantiene constante la presión de poro, p, en la muestra. En el segundo, los cambios en la presión de confinamiento, Δp_c, y en la presión de poro, Δp, son iguales.

2.3. La porosidad y la presión de poro

En un medio poroso coexisten dos continuos superpuestos, el esqueleto sólido y el fluido. La porosidad natural del medio poroso es la fracción de espacio vacío, que puede contener agua, salmuera, petróleo, aire u otros fluidos. Mide la capacidad del medio para almacenar fluidos en los espacios porosos y, si se trata de un medio rocoso, en las fracturas. El volumen de poros[1] susceptible al flujo de fluido en el medio poroso es el volumen de poros efectivo, V_ϕ, que se compone del volumen de poros interconectados, V_p y —en el caso de una roca— del volumen de la red de fracturas, V_F, de manera que $V_\phi = V_p + V_F$. En lo que sigue se prescinde de la existencia de fracturas, $V_F = 0$.

Se define entonces la *porosidad*, ϕ, como el cociente entre el *volumen de poros*, V_p, y el volumen total del medio, V, es decir, $V_p = \phi V$. Ambos volúmenes son a su vez funciones de la presión de confinamiento, p_c, y de la presión intersticial, p (Figura 2.3). De este modo, V_s representa la *fracción de la fase sólida en el volumen total,* de manera que $V = V_s + V_p$. La porosidad así definida tiene valores comprendidos entre 0 y 1. En un medio poroso saturado, el volumen de fluido coincide con el del espacio poroso, $V_f = V_p$.

Una ventaja de introducir explícitamente la porosidad en la formulación de la poroelasticidad es que son suficientes tres parámetros elásticos para describir las variaciones en los volúmenes de poros y del medio poroso. En lo que sigue, las expresiones *presión de poro* y *presión del fluido* son intercambiables.

A partir de su definición, la variación de la porosidad se obtiene mediante:

$$\Delta\phi = \Delta\left(\frac{V_p}{V}\right) = \frac{V\Delta V_p - V_p\Delta V}{V^2} \tag{3}$$

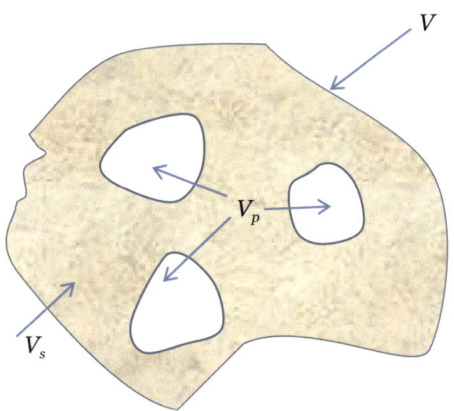
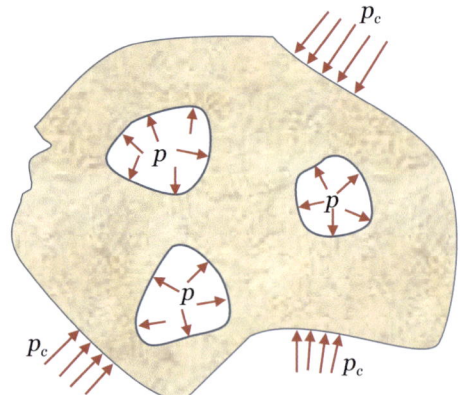

Figura 2.3. Definiciones asociadas a la porosidad.

2.4. La variación de contenido de fluido ζ

Biot (1941) definió la variable ζ, la *variación de contenido de fluido*, adimensional, que representa el *volumen* de fluido aportado o extraído de los poros de un volumen unitario de medio poroso (Cheng, 2016):[2]

$$\zeta = \frac{m_f - m_0}{\rho_{fo}} = \frac{\Delta m_f}{\rho_{fo}} = -\frac{\rho_f\Delta\phi - \phi\Delta\rho_f}{\rho_{fo}} \tag{4}$$

en la que ρ_{fo} es la densidad inicial del fluido, medida en la configuración de referencia.

ζ es la variable conjugada de la presión de poro. Un valor negativo de ζ indica extracción de fluido del medio poroso. En esta expresión, m_f representa el *contenido de masa de fluido por unidad de volumen del medio poroso,* mientras que m_{fo} y ρ_{fo} son, respectivamente, el contenido de masa de fluido y su *densidad en la configuración de referencia;* y ρ_f es la *densidad del fluido en la configuración actual.*

---

1. En el caso de una roca, el volumen de poros incluye el volumen de las fracturas interconectadas.

2. Esta definición de ζ coincide con la de Rice y Cleary (1976).

2.5. Hipótesis de la poroelasticidad lineal y convenio de signos

La principal hipótesis de la poroelasticidad lineal es que los fluidos fluyen a través de un medio poroso deformable, cuyo esqueleto sólido puede deformarse elásticamente. En lo sucesivo —salvo indicación en contrario— se supone material elástico homogéneo, isótropo, reversibilidad de las deformaciones, fuerzas másicas nulas y que las deformaciones son infinitesimales. De este modo, se supone válida la ley de Hooke.

Se supone que las fases sólida y fluida son químicamente inertes; y que los poros forman una red interconectada, de forma que existe un único campo de presiones intersticiales. El flujo del fluido a través de los poros del esqueleto sólido sigue la ley de Darcy (1856). Cualquier inclusión líquida en poros no conectados se considera como parte del esqueleto sólido. Asimismo, se supone que no existen fracturas en el medio poroso ni vías preferentes de flujo de fluido. La poroelasticidad lineal ignora además la propagación de las ondas poroelásticas.

En lo que sigue, se consideran positivas las tensiones de tracción, las deformaciones de elongación y las presiones intersticiales cuando compriman al esqueleto sólido (mayores que la atmosférica). Además, se considera que el medio poroso está saturado.

2.6. El principio de las tensiones efectivas

Es un elemento esencial de la teoría de la poroelasticidad. Las tensiones efectivas son una medida de las fuerzas concentradas que actúan en los puntos de contacto de un material granular y que provocan rodadura y deslizamiento en los puntos de contacto. Tienen relevancia en cuanto que las deformaciones de un material granular están determinadas casi completamente por los cambios de dichas fuerzas de contacto entre granos. Son descritas (en promedio) por las *tensiones efectivas*, σ', un concepto introducido por Terzaghi (1925):

$$\sigma' = \sigma + p \tag{5}$$

Este principio se suele enunciar como «*la tensión efectiva es igual a la tensión total más la presión intersticial*», pero es aplicable solo a las tensiones normales. Las tensiones tangenciales pueden ser transmitidas únicamente a través el esqueleto sólido. El concepto se basa en las hipótesis de que las partículas sólidas son muy rígidas en compara-

ción con el conjunto del suelo, y que las áreas de contacto entre las partículas sólidas son muy pequeñas. Son suposiciones razonables para un suelo normal, pero pueden no ser válidas para rocas porosas, en cuyo caso hay que tener en cuenta la compresibilidad de la roca, lo que implica una corrección en la expresión anterior (Verruijt, 2017). Se expresa así:

$$\sigma'_{ij} = \sigma_{ij} + \alpha_B p \, \delta_{ij} \tag{6}$$

En la ecuación anterior, σ_{ij} representa las componentes del *tensor de tensiones totales de Cauchy*; σ'_{ij} las componentes del *tensor de tensiones efectivas*, y δ_{ij} es la Delta de Kronecker. Se consideran positivas las tracciones.

Este principio relaciona las fuerzas intergranulares en el esqueleto sólido con la presión de poro a través del *coeficiente de Biot-Willis,* α_B. Si $\alpha_B = 1$, coincide con el formulado por Terzaghi.

De este principio se concluye además que la condición necesaria y suficiente para que se produzca un cambio en el estado de tensiones efectivas de un medio poroso es que su esqueleto sólido se deforme, se produzca o no cambio del volumen del compuesto (Simons y Menzies, 1974).

2.7. El doble acoplamiento del sistema fluido-matriz sólida

Dos interacciones físicas subyacen al fenómeno poroelástico (Wang, 2000):

— El *acoplamiento sólido-fluido* ocurre cuando un cambio en las tensiones aplicadas produce cambios, bien en la presión de poro o bien en la masa del fluido. La magnitud de este acoplamiento depende de la porosidad y de las cuatro compresibilidades: la del medio poroso, la de los poros, la de los granos sólidos y la del fluido intersticial. Si el fluido es altamente compresible, como por ejemplo el aire, se considera despreciable este acoplamiento sólido-fluido. Este tipo de acoplamiento suele ser relevante en medios porosos saturados, pues los cambios en las tensiones —y por ende, en las deformaciones del esqueleto sólido— generalmente producen cambios significativos en las presiones de poro.

— El *acoplamiento fluido-sólido* sucede cuando un cambio, tanto en la presión de poro como en la masa de fluido, produce cambios en la permeabilidad del medio y en el volumen del medio poroso, y por ende deformaciones. Al igual que un aumento de temperatura induce una expansión del sólido, un incremento de presiones intersticiales provoca que el medio se expanda. Este acoplamiento sucede por ejemplo, en los problemas de consolidación, en la subsidencia debida a la extracción de grandes cantidades de fluido de un acuífero o de un yacimiento de hidrocarburos; y también en la expansión de un terreno producida por inyecciones de fluidos a presión en profundidad.

La disminución de la presión del fluido producida por la extracción de fluido de un yacimiento subterráneo da lugar a cambios en los volúmenes de los fluidos y de la roca del yacimiento. La extracción produce sendas disminuciones en el volumen de poros y en el volumen total de la formación porosa. Si el medio poroso no está sujeto a tensiones de confinamiento ni restricciones en el contorno (caso de deformaciones libres), un cambio uniforme en la presión de poro produce un campo uniforme de deformaciones, sin tensiones poroelásticas. Por el contrario, otras cualesquiera condiciones de contorno implican campos de deformaciones distintos del de deformaciones libres, y por ello se producen tensiones poroelásticas en el medio poroso. Además, si la distribución de presión intersticial no es uniforme, se genera un flujo de fluido variable con el tiempo —que de forma simplificada se puede analizar según la ley de Darcy (1856)—, lo cual conlleva variaciones temporales de las tensiones poroelásticas y las deformaciones del sólido, que a su vez repercuten en el campo de presiones —en virtud del acoplamiento sólido-fluido—.

En el caso que solo sea importante el acoplamiento fluido-sólido, el problema es más simple matemáticamente, porque el flujo de fluido se puede determinar independientemente del campo de tensiones. Este, junto con los campos de deformaciones y de desplazamientos, podrían calcularse como funciones de la posición y el tiempo una vez conocido el campo de presión intersticial en función de la posición y el tiempo. Este acoplamiento unidireccional se denomina *problema desacoplado*. En el caso de la termoelasticidad, matemáticamente análogo, los cambios tensionales no suelen producir calentamientos significativos en la mayoría de los materiales y, por lo tanto, la mayoría de los análisis termoelásticos ignoran esta dirección de acoplamiento y se estudian como desacoplados.

Sin embargo, el problema se denomina *acoplado* si los cambios tensionales en la matriz sólida —dependientes del tiempo— provocan cambios significativos en la presión intersticial, los cuales a su vez afectan a las tensiones en el sólido. La formulación cuasiestática de la poroelasticidad supone que ambos acoplamientos ocurren instantáneamente.

2.8. La gama de compresibilidades y módulos volumétricos asociados a los medios porosos

En general, un coeficiente de compresibilidad expresa la relación entre un cambio relativo de volumen con respecto a un cambio de presión. El volumen puede designar el del conjunto, el de poros, el de fluido o el de la fase sólida; y la presión puede referirse a la de confinamiento, p_c, a la intersticial, p, o a la presión diferencial $P = p_c - p$ (Zimmerman *et al.*, 1986; Laurent *et al.*, 1993). Además, Geertsma (1957) y Skempton (1960) definieron experimentalmente la *presión de poro efectiva*, p_e, causante de la deformación del material sólido, $p_e = p_c - \alpha_B p$ (Nur y Byerlee, 1971; Cheng, 2016). Asimismo, en poroelasticidad se manejan dos conceptos próximos entre sí, aunque diversos de la compresibilidad:

— La relación entre la variación del contenido de fluido, ζ (4), y el cambio en la presión intersticial, Δp, para diferentes condiciones de contorno se denomina *coeficiente de almacenamiento*, en sus diversas acepciones (descritas en el Capítulo 3).

— La relación entre el cambio en el volumen del conjunto, ΔV, y el cambio en la presión intersticial, Δp, para diferentes condiciones de contorno se denomina *coeficiente de expansión poroelástica*, cuyo valor es el cociente α_B/K (Wang, 2000; Mexhani, 2016).

Se considera un medio poroso saturado, homogéneo e isótropo de porosidad ϕ. Según sean las ecuaciones constitutivas que se empleen, se pueden definir compresibilidades diversas:

— *Compresibilidades del medio poroso, C y C_u*: representan la variación relativa de volumen total de la estructura porosa por unidad de cambio en la presión hidrostática aplicada en condiciones drenada y no drenada, respectivamente.

— *Compresibilidad del volumen de poros*, es decir, la variación relativa en el volumen de poros por unidad de variación en la presión hidrostática aplicada (sección 2.8.5).

— *Compresibilidad de la matriz rocosa o del esqueleto sólido*, C_s, es decir, la variación relativa de volumen del material de la roca o de suelo (sin poros) por unidad de cambio en la presión hidrostática aplicada. Se emplea en la industria del petróleo; la interdependencia entre la presión y difusión del fluido, y la deformación de la roca hace que la compresibilidad de la roca del yacimiento, C_s, determine en gran medida la fracción de petróleo recuperable y, en consecuencia, las reservas disponibles.

Con relación a las dos primeras, Zimmermann *et al.* (1986) distinguieron dos clases de variaciones de presión:

a) Variación de la presión de poro, Δp, manteniendo constantes las presiones exteriores o de confinamiento, p_c; este caso siempre es un proceso hidrostático.

b) Variación de la presión de confinamiento, Δp_c, mientras que se mantiene constante la presión de poro, p. Las presiones exteriores determinan el campo de tensiones en el macizo rocoso, por lo cual pueden tener diferentes valores en las tres direcciones.

Cuando sobre una probeta en condiciones no drenadas se aplica un incremento isótropo de compresión Δp_c, una parte es absorbida por el fluido mediante un aumento de la presión, Δp, y otra parte por el esqueleto sólido, $\Delta \sigma'$, incrementando las tensiones efectivas. Dicho incremento Δp_c se traduce en un múltiple efecto (Cheng, 2016):

— La probeta experimenta una variación de volumen ΔV, por lo que cabe considerar un módulo de compresión del compuesto poroso.

— La variación de las tensiones efectivas, $\Delta \sigma'$, provoca un cambio en el volumen de poros, ΔV_p, y por tanto en la porosidad. Se puede definir entonces un módulo de compresión del volumen de poros.

— El aumento de la presión de poro, Δp, causa un cambio en el volumen de fluido, ΔV_f, lo cual denota un módulo de compresión del fluido.

— El aumento de la presión de poro, Δp, provoca también un cambio en el volumen de la fase sólida, ΔV_s, de manera que se puede concebir un módulo de compresión de las partículas sólidas.

Como ejemplo, se recogen datos de un conocido estudio experimental sobre compresibilidades de las areniscas de Fort Union (Jaeger *et al.*, 2009):

«*Esta arenisca tenía una porosidad $\phi = 8,5\,\%$, una compresibilidad de la matriz sólida $C_s = 0,286 \times 10^{-4}/MPa$, una compresibilidad aparente drenada $C = 1,31 \times 10^{-4}/MPa$ y una compresibilidad de poro $C_p = 11,8 \times 10^{-4}/MPa$. Si los poros estuvieran llenos de aire a presión atmosférica, cuya compresibilidad es de $C_f = 9,87/MPa$, entonces la compresibilidad aparente no drenada sería igual (con tres cifras significativas) a la del valor drenado, $C_u = 1,31 \times 10^{-4}/MPa$. Si la roca estuviese saturada con agua, cuya compresibilidad es $C_f = 5 \times 10^{-4}/MPa$, la compresibilidad no drenada del compuesto sería de $C_u = 0,573 \times 10^{-4}/MPa$. Por otro lado, un hipotético fluido poroso «incompresible» conduciría a una compresibilidad no drenada de $C_u = 0,261 \times 10^{-4}/MPa$*».

2.8.1. *Módulos de compresión o módulos volumétricos del medio poroso, K y K_u*

Constituyen una constante poroelástica esencial, un descriptor de los materiales elásticos homogéneos e isótropos. Admite dos definiciones, según sea el contexto, drenado o no drenado.

Se considera una muestra homogénea seca rodeada de una membrana flexible permeable; se aplica sobre ella una compresión uniforme Δp_c en todas direcciones. Se mide el cambio relativo de volumen o *deformación volumétrica*,[3] $\varepsilon = \Delta V/V$. Se define el *módulo volumétrico* o *módulo de compresión*, K, una constante del material que representa su rigidez ante la deformación volumétrica en condiciones drenadas, mediante:

$$K = -\frac{\Delta p_c}{\Delta V/V}\bigg|_{drenado} \qquad (7)$$

El signo negativo indica que una compresión Δp_c positiva implica una reducción de volumen

---

3. También se define como la traza de la matriz del tensor de deformaciones infinitesimales, $\varepsilon = \varepsilon_{kk}$.

(ΔV negativo). Cuando el compuesto se deforma, la reducción de volumen total ΔV es la suma de la retracción de la fase sólida y de la compactación del volumen de poros debida a la reorganización del esqueleto sólido. No es fácil medirla en medios poco permeables.

El parámetro K se relaciona con el *módulo elástico, E,* y el *coeficiente de Poisson, v*, mediante:

$$K = \frac{E}{3(1 - 2v)} \qquad (8)$$

Su expresión en función del *módulo de cortante, G,* y de la constante de Lamé, λ, es:

$$K = \lambda + 2G/3 \qquad (9)$$

Y en función del módulo de cortante y del coeficiente de Poisson se expresa así:

$$K = \frac{1}{C} = \frac{2G(1 + v)}{3(1 - 2v)} \qquad (10)$$

Se puede afirmar que en un medio poroso ideal —homogéneo e isótropo— (Cheng, 2016):

$$\frac{1}{K} = \frac{1}{K_s} + \frac{\phi}{K_p} \qquad (11)$$

En las expresiones anteriores, K_s es el *módulo de compresión de la fase sólida* (sección 2.8.3) y K_p es el *módulo de compresión del volumen de poros* (sección 2.8.5). En el caso de medio saturado se cumple que $K_p = K_f$, siendo K_f el *módulo de compresión del fluido* (sección 2.8.4).

A diferencia del caso drenado, si la muestra saturada se envuelve en una membrana deformable e impermeable y se aplica una compresión isótropa Δp_c, se comprime el volumen de poros y no solo resiste el esqueleto sólido, sino también el fluido intersticial. Se define entonces el *módulo de compresión no drenado, K_u*, como:

$$K_u = -\frac{\Delta p_c}{\Delta \varepsilon}\bigg|_{\zeta = 0} = -\frac{\Delta p_c}{\Delta V/V}\bigg|_{\zeta = 0} \qquad (12)$$

La expresión de este módulo en función de otros parámetros básicos es (Wang, 2000):

$$K_u = \frac{2G(1 + v_u)}{3(1 - 2v_u)} \qquad (13)$$

La relación entre ambos módulos de compresión, drenado y no drenado, es (Cheng, 2016):

$$K_u = K + \alpha_B^2 M = \frac{K}{1 - \alpha_B B} \qquad (14)$$

En esta expresión B es el coeficiente de Skempton, y $M = \lambda + 2G$ es el módulo de Biot. Para un solo componente mineral del sólido y en medio saturado, viene dado por:

$$\frac{1}{M} = \frac{\alpha_B - \phi}{K_s} + \frac{\phi}{K_f} \qquad (15)$$

A partir de las expresiones (14) y (15), en el caso particular en que la fase sólida es prácticamente incompresible ($K_s \to \infty$), se llega a la relación siguiente:

$$K_u = K + \frac{K_f}{\phi}, \qquad (16)$$

que expresa que el módulo volumétrico no drenado es suma del módulo drenado más una contribución del módulo de compresión del fluido (Cheng, 2016).

Wang (2000) recoge otra relación entre ambos módulos volumétricos:

$$K_u = \frac{K}{1 - \alpha_B B} \qquad (17)$$

En consecuencia, $K_u > K$, lo que implica que un medio poroso saturado es más rígido bajo condiciones no drenadas que drenadas, debido a la contribución del fluido a la rigidez global.

2.8.2. *Compresibilidades del medio poroso, C y C_u*

Caben definiciones en dos contextos extremos: condiciones drenadas y no drenadas.

La *compresibilidad drenada del medio poroso, C,* se define como la deformación que se produce en la muestra encamisada cuando se somete a una compresión isótropa mientras la presión de poro permanece constante ($\Delta P = \Delta p_c$) (Geertsma, 1957; Wang, 2000):

$$C = \frac{1}{K} = -\frac{1}{V}\left(\frac{\partial V}{\partial p_c}\right)\bigg|_{p = cte} \qquad (18)$$

También se denomina *compresibilidad jacketed de Biot-Willis* (Cheng, 2016). En general, C es función de la presión de poro y de las presiones de confinamiento.

C es la inversa del módulo de compresión drenado, K, dado por (7); es notablemente mayor que las compresibilidades de la fase sólida, C_s (sección 2.8.3) y del fluido, C_f (sección 2.8.4).

C se relaciona con la tensión efectiva media σ'_m y con la deformación volumétrica ε mediante:

$$\sigma'_m = \frac{\varepsilon}{C} \Rightarrow \varepsilon \equiv \varepsilon_{kk} = \frac{1}{K}\left(\frac{\sigma_{kk}}{3} + \alpha_B p\right) \qquad (19)$$

La *compresibilidad aparente no drenada* C_u se define como la deformación que se obtiene cuando la roca se somete a una compresión isótropa y el volumen de fluido contenido en los poros permanece constante:

$$C_u = \frac{1}{K_u} = -\frac{1}{V}\left(\frac{\partial V}{\partial p_c}\right)\Bigg|_{\zeta = 0} \qquad (20)$$

Esta expresión es independiente de cualquier hipótesis relativa a la microestructura y al comportamiento tensión-deformación de la matriz sólida. Para un medio homogéneo e isótropo C_u es una función creciente de la compresibilidad del fluido, C_f, si todos los demás parámetros permanecen constantes (Jaeger *et al.*, 2009):

$$C_u = \frac{\phi C(C_f - C_s) + C_s(C - C_s)}{\phi(C_f - C_s) + (C - C_s)}. \qquad (21)$$

2.8.3. Compresibilidad de la fase sólida, C_s

La *compresibilidad volumétrica de la matriz sólida*, C_s mide la variación del volumen de la probeta con respecto a su volumen inicial, V, producida por una compresión hidrostática de confinamiento en un ensayo *unjacketed* no drenado, es decir, bajo condiciones de presión diferencial constante, $\Delta P = 0 \Rightarrow \Delta p_c = \Delta p$. Su valor es (Bundschuh y Suárez-Arriaga, 2010):

$$\frac{1}{K'_s} = -\frac{1}{V}\left(\frac{\partial V}{\partial p}\right)\Bigg|_{P = cte} = \frac{1 - \alpha_B}{K} \qquad (22)$$

En el ensayo se miden los cambios de volumen de la probeta debidos a cambios en la presión del fluido. Por tanto, se mide la compresibilidad de la matriz sólida. Es decir, la respuesta tensión-deformación de la roca viene dada completamente por las propiedades elásticas intrínsecas del esqueleto sólido.

K_s es el *módulo de compresión del constituyente sólido de la roca*. K_s es diverso del módulo de compresión del compuesto. Por ejemplo, para una arenisca de cuarzo puro (ortocuarcita, con más del 90% de cuarzo), K se refiere a la arenisca, mientras que K_s se refiere a los granos de cuarzo. Cuando el esqueleto sólido tiene un solo constituyente, se admite generalmente que $C_s = C_\phi$, la *compresibilidad unjacketed del volumen de poros* (sección 2.8.5).

En condiciones drenadas, basta con un coeficiente para expresar la compresibilidad de la fase sólida[4] C_s, dada por (Wang, 2000; Guéguen y Boutéca, 2004):

$$C_s = \frac{1}{K_s} = -\frac{1}{V}\left(\frac{\Delta V}{\Delta \sigma'}\right)\Bigg|_{p = cte} \qquad (23)$$

Como contrapartida al de la fase sólida, se puede definir el *módulo volumétrico unjacketed del medio poroso* homogéneo e isótropo, K'_s, como (Brown y Korringa, 1975; Rice y Cleary, 1976):

$$K'_s = -V\left(\frac{\Delta p}{\Delta V}\right)\Bigg|_{P = cte} \qquad (24)$$

Este parámetro es interesante porque se puede utilizar para obtener otros parámetros poroelásticos que a veces son difíciles de medir.

Combinando las definiciones de K_s y K'_s y la condición (1), que se cumple para un medio poroso ideal sujeto a condiciones *unjacketed*, se deduce que $K'_s = K_s$. Esta relación muestra que K'_s puede tomarse como el módulo de compresión de la fase sólida si ésta está compuesta por un único mineral. En general, las areniscas suelen ser más compresibles que las rocas carbonatadas. Aun así, los módulos volumétricos de los principales minerales constituyentes de la mayoría de las rocas no difieren mucho (Mavko *et al.*, 2009); por lo tanto, la identidad $K'_s = K_s$ se cumple aproximadamente para la mayoría de las rocas.

Sin embargo, la existencia de heterogeneidades puede causar diferencia entre K_s y K'_s; por ejemplo, poros no conectados u ocluidos, (Detournay y Cheng, 1993; Coussy, 2004), granos en el espacio poroso que no están firmemente cementados a la matriz sólida (Hart y Wang, 2010). Brown y Korringa (1975) afirmaron que, en algunas rocas sedimentarias, como las areniscas arcillosas, la presencia de

---

4. La compresibilidad de la fase sólida, $C_s(Pa^{-1})$, es idéntica a la del material sólido si aquella está constituida por un solo mineral (Wang, 2000, p. 50).

terceros minerales compatibles podría provocar el mismo efecto. Cheng (2016) definió un módulo K_Ψ para caracterizar la micro-heterogeneidad y micro-anisotropía.

2.8.4. Compresibilidad del fluido, C_f

Diversos estudios (Brown y Korringa, 1975; Rice y Cleary, 1976) afirman que si los poros están ocupados por varios fluidos se definen dos compresibilidades, propias de los materiales que ocupan los poros. Ambas se reducen a una si los poros están saturados de un único material.

La *compresibilidad del fluido* C_f relaciona el cambio en la presión del fluido con el cambio relativo en el *volumen del fluido*, V_f:[5]

$$C_f = -\frac{1}{V_f}\frac{\Delta V_f}{\Delta p} = \frac{1}{\rho_f}\frac{\partial \rho_f}{dp} = \frac{d(\ln \rho_f)}{dp}. \qquad (25)$$

C_f se define como la cantidad de fluido que puede entrar en un volumen unitario de fluido a causa de un incremento unitario de presión p.

2.8.5. Compresibilidades del volumen de poros, C_p y C_ϕ

Las investigaciones sobre la deformación de rocas porosas en yacimientos de petróleo o gas detectaron la necesidad de cuantificar el efecto de la disminución de la presión intersticial en los volúmenes de poros y de roca durante la explotación del yacimiento, con el fin de proporcionar información más precisa sobre la almacenabilidad de fluido, la permeabilidad del medio y las eventuales subsidencias.

La *compresibilidad drenada del volumen de poros*, C_p, se define como la relación entre la variación del volumen de poros, ΔV_p, y la de la presión de confinamiento, Δp_c, mientras se mantiene constante la presión de poro (Wang 2000):

$$C_p = \frac{1}{K_p} = -\frac{1}{V_p}\left(\frac{\partial V_p}{\partial p_c}\right)\bigg|_{\Delta p = 0} = \frac{\alpha_B}{\phi K}. \qquad (26)$$

El módulo de compresión del volumen de poros, K_p, está relacionado con el homónimo drenado del medio poroso, K, mediante $K_p = \phi K/\alpha_B$ (Cheng, 2016).

La contraparte de la compresibilidad *unjacketed* de la matriz sólida es la *compresibilidad unjacketed del volumen de poros*, C_ϕ. Es una medida del cambio en el volumen de poros causado por un cambio en la presión de poro cuando la presión de confinamiento se mantiene igual a la presión de poro ($\Delta P = 0$). Se define como (Merxhani, 2016):

$$C_\phi = \frac{1}{K_\phi} = -\frac{1}{V_p}\frac{\Delta V_p}{\Delta p}\bigg|_{P=0} \qquad (27)$$

Dicha compresibilidad C_ϕ es la inversa del coeficiente K_ϕ, el *módulo volumétrico unjacketed del volumen de poros*.[6] Además, $K_\phi = K_S''$, el *módulo de compresión unjacketed del volumen de poros*, definido por Rice y Cleary (1976) (Cheng, 2016):

$$K_\phi = K_S'' = -V_p\frac{\Delta p}{\Delta V_p}\bigg|_{P=0} \qquad (28)$$

C_ϕ se puede relacionar con otras compresibilidades conocidas (Wang, 2000):

$$C_\phi = \frac{1}{K_\phi} = -\frac{1}{\phi}\left[\frac{\alpha_B}{KB} - \phi C_f - \frac{\alpha_B}{K}\right] =$$
$$= -\frac{1}{\phi}\left[\left(\frac{1}{K} - \frac{1}{K_s'}\right)\left(\frac{1}{B} - 1\right) - \phi C_f\right] \qquad (29)$$

En la expresión anterior, K_s' es el *módulo de compresión unjacketed del medio poroso*, definido en (24) y B es el coeficiente de Skempton, definido en (31).

La influencia de los huecos y grietas ocluidos dentro del esqueleto sólido y la existencia de múltiples constituyentes sólidos están incluidos de alguna manera en este coeficiente C_ϕ (Merxhani, 2016). La determinación experimental de C_ϕ puede realizarse midiendo el volumen de fluido expulsado de la muestra durante un ensayo de compresión hidrostática.[7]

En la industria del petróleo, la compresibilidad de los poros puede ser importante en comparación con la compresibilidad de los fluidos existentes en el medio rocoso, agua y petróleo. Por ejemplo, en areniscas la porosidad puede llegar hasta el 17% (Jaeger *et al.*, 2009).

---

5. La compresibilidad del agua a 20 °C es $4,4 \times 10^{-10}$ Pa^{-1}, valor muy pequeño si bien no despreciable.

6. $C_\phi = C_s$ para materiales porosos cuya fase sólida está constituida por un solo material (Merxhani, 2016).

7. En un ensayo de compresión hidrostática solo cambia la tensión media mientras que la tensión desviadora es nula.

2.9. El coeficiente de Biot-Willis

El coeficiente de Biot-Willis o *coeficiente de Biot* (1957), α_B, expresa el cociente entre el volumen de fluido expulsado (o succionado) de un elemento material poroso y su cambio volumétrico en condiciones de deformación bajo presión de poro constante. De acuerdo con el principio de las tensiones efectivas (6), α_B se define así:

$$\alpha_B = 1 - \frac{C_s}{C} = 1 - \frac{K}{K_s} = \left.\frac{\zeta}{\varepsilon}\right|_{p\,=\,cte} \tag{30}$$

La relación anterior también fue definida independientemente por Geertsma (1957), Skempton (1960) y Bishop (1973). En ella, C es la *compresibilidad drenada del compuesto poroso* (18), la inversa de K, el *módulo volumétrico del medio poroso drenado*, definido en (7). Del mismo modo, K_s es el *módulo volumétrico del mineral sólido*, definido en (23).

El parámetro α_B cuantifica qué cantidad de la presión de poro se transfiere a la matriz sólida, es decir, la susceptibilidad de la matriz rocosa a la presión de poro (Ma y Zoback, 2017). Es independiente de la porosidad. Toma valores entre ϕ y 1 (Fan *et al.*, 2019). Por ser $\alpha_B < 1$, la presión de poro no contrarresta completamente el efecto de la presión de confinamiento sobre la variación de volumen del medio saturado. Por esta razón, el coeficiente de Biot se conoce también como el *coeficiente de tensiones efectivas* (Jaeger *et al.*, 2009; Cheng, 2016).

Un bloque macizo es ciertamente más rígido que un bloque poroso hecho del mismo material. Es decir, su módulo volumétrico drenado, K, siempre es menor que el del mineral sólido, K_s; en consecuencia, el coeficiente de Biot-Willis está limitado a $\phi \le \alpha_B \le 1$:

$$\alpha_B = \left.\left(\frac{\partial p_m}{\partial p}\right)\right|_{\varepsilon\,=\,cte} = 1 - \frac{K}{K_s}.$$

El parámetro α_B se puede medir experimentalmente como el cambio de la presión media, p_m, debido a un cambio en la presión intersticial ante deformación constante.

El parámetro α_B no depende de las propiedades del fluido, sino de las de la matriz porosa. Un medio poroso blando tiene un coeficiente de Biot-Willis cercano a 1 (ya que $K \ll K_s$), mientras que para una matriz porosa muy rígida, $\alpha_B \approx \phi$, y por tanto $K \approx (1 - \phi) K_s$.

2.10. El coeficiente de Skempton

Bajo condiciones no drenadas, la aplicación de un incremento en la presión de confinamiento Δp_c origina un incremento en la presión de poro Δp, cuyo valor es menor que aquel, es decir, $0 \le \Delta p \le \Delta p_c$. Skempton midió experimentalmente dicho incremento de presión en una muestra saturada.

Se define el *coeficiente de presión de poro de Skempton B* como el cociente entre el incremento de presión de poro causado y la variación de la presión de confinamiento aplicada en condiciones no drenadas (Wang, 2000; Fan *et al.*, 2019):

$$B = -\left.\frac{\Delta p}{\Delta p_c}\right|_{\zeta\,=\,0} \tag{31}$$

Esta ecuación está referida a isotropía en las tres dimensiones espaciales, de manera que $\Delta p_c = -\Delta\sigma_{kk}/3$ expresa la compresión isótropa de confinamiento.

En el caso de deformación plana, $\Delta p_c = -\Delta\sigma_{kk}/2$, y la relación entre el incremento de la presión de confinamiento y el de la presión intersticial viene dado por (Cheng, 2016):

$$\Delta p = -B\,\frac{2\,(1 + \nu_u)}{3}\,\Delta p_c. \tag{32}$$

En esta expresión, ν_u es el *coeficiente de Poisson no drenado*.

Asimismo, si existe únicamente deformación en una sola dirección x, y se aplica un incremento de tensión de confinamiento $\Delta p_c = \Delta\sigma_x$, el efecto de Skempton conduce a un incremento de la presión de poro dado por:

$$\Delta p = -B\,\frac{(1 + \nu_u)}{3\,(1 - \nu_u)}\,\Delta p_c. \tag{33}$$

El grado de acoplamiento poroelástico entre la deformación mecánica y la presión de poro viene dado por el producto del coeficiente de Biot-Willis y el coeficiente de Skempton (Zimmerman, 2000).

Bishop (1973) llegó a la siguiente expresión para el coeficiente de Skempton en función de las compresibilidades del compuesto, de los componentes materiales y de la porosidad:

$$B = \frac{C - C_s}{C - C_s + \phi\,(C_f - C_s)}. \tag{34}$$

Rice y Cleary (1976) relacionaron este coeficiente con parámetros medibles en los ensayos:

$$B = \frac{\dfrac{1}{K} - \dfrac{1}{K_s'}}{\dfrac{1}{K} - \dfrac{1}{K_s'} + \phi\left(\dfrac{1}{K_f} - \dfrac{1}{K_\phi}\right)}. \tag{35}$$

B puede expresarse también en función de los módulos de compresión (Wang, 2000):

$$B = \frac{1 - \dfrac{K}{K_u}}{1 - \dfrac{1}{K_s'}}. \tag{36}$$

En la expresión anterior, K_s', definido en (24), se puede identificar con el de la fase sólida, K_s, si esta es homogénea e isótropa y el espacio de poros está interconectado (Nur y Byerlee, 1971; Rice y Cleary, 1976).

Asimismo, α_B y B están relacionados entre sí para condiciones no drenadas (Wang, 2000):

$$\alpha_B = \frac{3(v_u - v)}{B(1 - 2v)(1 + v_u)}. \tag{37}$$

El coeficiente B es una medida de cómo se distribuye la presión aplicada entre la fase sólida y el fluido. Para suelos saturados $B \to 1$, pues la carga la soporta el fluido, mientras que $B \to 0$ si los poros están llenos de gas porque el incremento de presión exterior Δp_c es soportado únicamente por el esqueleto sólido. Para rocas saturadas, su valor suele estar en el rango de 0,5 a 1.

En relación con los coeficientes $1/R$ y $1/H$ establecidos por Biot en 1941, se cumple que $B = R/H$ (Cheng, 2016).

En resumen, el coeficiente de Skempton B expresa qué fracción dev l incremento de carga exterior aplicado es absorbido por incremento de la presión de poro bajo condiciones no drenadas, para las cuales el coeficiente de Poisson asociado es v_u.

3. FLUJO DE UN FLUIDO EN UN MEDIO POROSO SATURADO

3.1. Flujo y carga hidráulica

Si se supone despreciable la energía cinética del fluido, las causas del flujo en un medio poroso son tanto el gradiente de la energía de presión como la energía gravitacional (elevación), términos que contribuyen a la cota piezométrica o carga hidráulica $h\,[m]$:[1]

$$h = z + \frac{p}{\gamma_f}. \tag{38}$$

El estudio del flujo a través de medios porosos es importante para las disciplinas relacionadas con el subsuelo, tales como la hidrogeología, el transporte de contaminantes, la ingeniería de yacimientos, la ingeniería química y, más recientemente, la hidrología de terremotos. La ecuación del flujo en medios porosos agrega dos principios físicos básicos:

1) La conservación de la masa, o ecuación de continuidad (43).
2) La ley de la dinámica de Navier-Stokes (conservación del momento) o, en su versión simplificada linealizada, la ley de Darcy (51), (55).

En las rocas porosas, el flujo real de fluidos ocurre a nivel microscópico, mediante una trayectoria tortuosa a través de una red compleja de poros interconectados y fisuras de dimensiones diversas. Aplicar las ecuaciones de Navier-Stokes a la escala microscópica de los poros en los problemas de flujo subterráneo es inapropiado e inabordable, por el esfuerzo de cálculo exigido y la falta de datos precisos. En la mayoría de situaciones prácticas es preferible usar una ecuación clásica más simple que describa la velocidad promedio efectiva de flujo en el medio poroso. Así, se suele representar el flujo de fluido en la red porosa como un proceso continuo, utilizando propiedades volumétricas promedio en vez de detallar la geometría de las partículas sólidas en el medio poroso.

La ley de Darcy se usa comúnmente para describir el flujo de agua, petróleo y gases en acuíferos, en yacimientos y en depósitos geotérmicos. Contiene la definición científica de permeabilidad utilizada en la ingeniería de yacimientos. Es una relación proporcional entre el caudal $[m^3/s]$ a través del área de la sección transversal por la que discurre el flujo, la *viscosidad dinámica del fluido*, $\mu_f\,[Pa \cdot s]$, y la diferencia de niveles piezométricos entre dos puntos ubicados a una distancia dada. Si en esta relación se considera el caudal que atraviesa un área unitaria, entonces surge el concepto de *velocidad de Darcy* o también *flujo de Darcy* [m/s]. Es una velocidad promedio del flujo que transcurre solamente a través de una porción del área de la sección transversal del medio poroso. Este flujo es distinto de la velocidad microscópica del agua que fluye a través de los poros, la cual viene dada por las ecuaciones de Navier-Stokes.

3.2. Permeabilidades

La *conductividad hidráulica* $k\,[L/T]$ es la constante que interviene en la ley de Darcy. Es específica para cada fluido, agua, aceite, aire u otros gases; relaciona la cantidad de fluido que fluye a través de una unidad de área transversal de un acuífero ante un gradiente hidráulico unidad. Está relacionada con el *peso específico del fluido*, γ_f, la *viscosidad dinámica*, μ_f, y la *permeabilidad intrínseca*, $\kappa\,[L^2]$, la cual es un parámetro propio de la roca porosa e independiente del fluido.[2] La relación entre ellas es (Wang, 2000; Talwani, 2007; Verruijt, 2017):

$$k = \frac{\gamma_f}{\mu_f}\,\kappa. \tag{39}$$

---

1. Se trata del trinomio clásico de Bernoulli en el que se prescinde del sumando de la velocidad.

2. La permeabilidad intrínseca es función de la porosidad ϕ, aunque en la definición original depende solo del tamaño del grano y de la geometría de los poros. Otra unidad es el Darcy: $1\,D = 9.86923 \times 10^{-13}\,m^2$; $1\,mD \approx 10^{-15}\,m^2$.

En efecto, si se calienta el agua de un medio poroso, aumenta su conductividad hidráulica k, pues se reduce su viscosidad (la disminución asociada en la densidad del fluido, que contribuye también a la disminución de k, es menor que el efecto de la disminución de la viscosidad); sin embargo, κ permanece constante.

3.3. La ecuación de continuidad

Expresa que en un volumen elemental de medio poroso el flujo másico entrante menos el flujo másico saliente más la masa aportada por una fuente menos lo extraído por un sumidero es igual a la variación de almacenamiento en el medio poroso. El flujo másico es igual a la densidad del fluido ρ_f multiplicada por $\mathbf{q}$, el flujo volumétrico por unidad de superficie (o caudal específico, con dimensiones $[L/T]$).

Se supone que las partículas del sólido están en reposo y que la *velocidad media del fluido* es $\mathbf{v}$, tal que se cumple que $\mathbf{q} = \phi\mathbf{v}$.

En un elemento diferencial de medio poroso, el flujo másico entrante en dirección x (masa por unidad de tiempo) es el producto del flujo unitario $\rho_f q_x$ por la superficie de la cara del cubo elemental, $dy\,dz$. En la cara opuesta, situada a una distancia dx, el flujo unitario saliente vale

$$\rho_f q_x + \frac{\partial \rho_f q_x}{\partial x}\,dx. \tag{40}$$

Siendo $m_f = \phi\rho_f$ el contenido de masa de fluido por unidad de volumen de material poroso, la variación de m_f puede deberse a variaciones en la porosidad o bien en la densidad del fluido, ρ_f. Entonces, la masa de fluido almacenada en dicho elemento diferencial es el producto de m_f por el volumen del elemento, $m_f dV = m_f dx\,dy\,dz$. La continuidad de masa de fluido para las tres direcciones a la vez se expresa así:

$$-\left(\frac{\partial \rho_f q_x}{\partial x} + \frac{\partial \rho_f q_y}{\partial y} + \frac{\partial \rho_f q_z}{\partial z}\right)dx\,dy\,dz +$$
$$+ \rho_f Q(\mathbf{x}, t)dx\,dy\,dz = \frac{\partial (m_f dV)}{\partial t} = \frac{\partial (\phi\rho_f dV)}{\partial t}. \tag{41}$$

Bajo la hipótesis de que el medio poroso es indeformable, dV es constante, luego

$$\frac{\partial (m_f dV)}{\partial t} = dV\frac{\partial m_f}{\partial t} \equiv dV\frac{\partial (\phi\rho_f)}{\partial t}.$$

Dividiendo por el volumen del elemento de referencia, dV, la continuidad del fluido queda:

$$-\left(\frac{\partial \rho_f q_x}{\partial x} + \frac{\partial \rho_f q_y}{\partial y} + \frac{\partial \rho_f q_z}{\partial z}\right) + \rho_f Q(\mathbf{x}, t) = \frac{\partial (\phi\rho_f)}{\partial t} \tag{42}$$

$Q(\mathbf{x}, t)$ representa el término fuente/sumidero volumétrico (volumen añadido/extraído por unidad de tiempo y unidad de volumen de medio poroso).

El primer término de (42) es el operador divergencia de $\rho_f\mathbf{q}$, luego se puede reescribir:[3]

$$-\nabla \cdot (\rho_f\mathbf{q}) + \rho_f Q(\mathbf{x}, t) = \frac{\partial (\phi\rho_f)}{\partial t}. \tag{43}$$

Otra forma de escribir la ecuación de continuidad es (Bundschuh y Suárez-Arriaga, 2010):

$$\frac{\partial (\phi\rho_f)}{\partial t} + \nabla \cdot (\rho_f\phi\mathbf{v}) = Q(\mathbf{x}, t), \tag{44}$$

en la cual $\mathbf{v}$ es el campo de velocidades de las partículas del fluido, y $\mathbf{x}$ es el vector de posición.

La expresión (38) relaciona la *cota piezométrica* h y la presión. Despejando en ella la presión, $p = \gamma_f (h - z)$, resulta que

$$\frac{\partial p}{\partial t} = \gamma_f\frac{\partial h}{\partial t}. \tag{45}$$

Aplicando la regla de la cadena en el segundo miembro de (43):

$$\frac{\partial (\phi\rho_f)}{\partial t} = \frac{\partial (\phi\rho_f)}{\partial p}\frac{\partial p}{\partial t} = \left(\rho_f\frac{\partial \phi}{\partial p} + \phi\frac{\partial \rho_f}{\partial p}\right)\gamma_f\frac{\partial h}{\partial t}. \tag{46}$$

En consecuencia, se puede expresar la ecuación de continuidad (43) en función de las compresibilidades de las fases líquida y sólida:

$$-\nabla \cdot (\rho_f\mathbf{q}) + \rho_f Q(\mathbf{x}, t) = \frac{\partial (\phi\rho_f)}{\partial t} =$$
$$= \rho_f[\phi\,C_f + (1 - \phi)C_s]\gamma_f\frac{\partial h}{\partial t}. \tag{47}$$

---

3. El operador divergencia de $\rho_f\mathbf{q}$ se denota mediante $\nabla \cdot (\rho_f\mathbf{q})$ La divergencia de un campo vectorial mide la diferencia entre el flujo saliente y el flujo entrante de un campo vectorial sobre la superficie que rodea a un volumen de control. Por tanto, si el campo tiene «fuentes» la divergencia será positiva, y si tiene sumideros, la divergencia será negativa. La divergencia mide la rapidez neta con la que se conduce la materia al exterior de cada punto. El caso de la divergencia idénticamente nula describe al flujo incompresible del fluido.

Teniendo en cuenta el concepto de la variación de contenido de fluido, ζ (4), la ecuación de continuidad referida al flujo volumétrico se expresa mediante:

$$\frac{\partial \zeta}{\partial t} + q_{i,i} = \omega, \qquad (48)$$

en la que q_i representa indicialmente el *vector de caudal específico* **q**, mientras que ω indica un término de *caudal de fluido procedente de una fuente o derivado a un sumidero*.

3.4. Flujo de Darcy

La ley empírica de Darcy (1856)[4] versa sobre un transporte de masa: describe el flujo laminar lento de un fluido newtoniano a través de un medio poroso indeformable. Asume que la deformación de la matriz porosa es despreciable. El transporte de fluido ocurre como consecuencia de un gradiente de presión. Es válida para condiciones de flujo estacionario con campo homogéneo de velocidades.

La ley de Darcy es una forma de expresar el principio de conservación del momento lineal o cantidad de movimiento (equilibrio interno) bajo la hipótesis de soslayar la energía cinética del fluido (Bundschuh y Suárez-Arriaga, 2010). Es aplicable a una gran variedad de medios rocosos y sirve de base a teorías más amplias de flujo de fluidos en medios porosos. Inicialmente (1856) fue expresada en términos de la diferencia de cotas piezométricas $\Delta h\,[m]$, de la conductividad hidráulica $k\,[m/s]$ y de la diferencia de cotas Δz. En el campo, sobre el terreno, Δh se mide como diferencia de altura de agua entre dos piezómetros nivelados topográficamente. En la expresión de la ley aparece implícito el gradiente hidráulico $\Delta h/\Delta z$. El agua se mueve siempre en el sentido del gradiente, desde las zonas de mayor a las de menor nivel piezométrico.

3.4.1. Hipótesis

— El fluido (agua) es incompresible.
— El medio poroso atravesado por el fluido está saturado, es homogéneo y de porosidad constante.

— El flujo del fluido es isotérmico, laminar, de carácter lineal, gravitacional y estacionario.
— El fluido no reacciona químicamente con el medio poroso que atraviesa.

3.4.2. Limitaciones

— La *conductividad hidráulica k* depende tanto del material del medio poroso como de las propiedades del fluido: la hipótesis de que es independiente del gradiente hidráulico solo ocurre principalmente en materiales arenosos.
— La relación entre el caudal y el gradiente hidráulico deja de ser lineal si el parámetro k toma un valor muy bajo o si las velocidades son muy elevadas.

3.4.3. Flujo unidimensional

La ecuación de Darcy se refiere a un flujo que atraviesa una unidad de área de medio poroso, bien en términos de masa o bien de volumen.

Flujo másico unidimensional

Si se expresa como la *masa* de fluido que atraviesa por área unidad de medio poroso y por unidad de tiempo, en función del gradiente de presión, la relación es (Bodvarsson, 1970):

$$q_m = -k_m \nabla p, \qquad (49)$$

en la que:

— q_m tiene unidades de masa por unidad de superficie y de tiempo $[M/L^2 T]$.
— p es la presión de poro $[M/LT^2]$.
— k_m es la *conductividad másica hidráulica* del medio $[T]$. Está relacionada con su *permeabilidad intrínseca κ* y con la *viscosidad cinemática del fluido*, $v_f[L^2/T]$ mediante $k_m = \kappa/v_f$.

Flujo volumétrico unidimensional

Se expresa la ley de Darcy en términos de volumen como el *volumen* de fluido que atraviesa una unidad de área por unidad de tiempo en función de un gradiente de altura piezométrica, (Wang, 2000):

$$q = -k \nabla h. \qquad (50)$$

---

4. Henry Philibert Gaspard Darcy (1803-1858).

En esta expresión:

— q es el *caudal específico* $[L/T]$.
— k es la *conductividad hidráulica del medio*[5] $[L/T]$. Es proporcional a la densidad del fluido e inversamente proporcional a la viscosidad dinámica, $\mu_f[M/LT]$.[6]
— h es la *altura piezométrica* $[L]$.

3.4.4. Flujo tridimensional

Flujo tridimensional en función de la carga piezométrica

La ley de Darcy en su formulación espacial se expresa así:

$$\mathbf{q} = -\mathbf{K}\nabla h. \tag{51}$$

El vector $\mathbf{q}$ expresa el *caudal específico* $[L/T]$, mientras que $\mathbf{K}$ es el *tensor de conductividad hidráulica* $[L/T]$, de segundo orden.

Sustituyendo (51) en la ecuación de continuidad (47), se obtiene:

$$\begin{aligned}
\nabla \cdot (\rho_f \mathbf{K}\nabla h) + \rho_f Q(\mathbf{x}, t) = \\
= \rho_f[\phi C_f + (1 - \phi)C_s]\,\gamma_f \frac{\partial h}{\partial t}.
\end{aligned} \tag{52}$$

Desarrollando el término de la divergencia del producto, queda:

$$\begin{aligned}
\rho_f \nabla \cdot (\mathbf{K}\nabla h) + \nabla\rho_f \cdot (\mathbf{K}\nabla h) + \rho_f Q(\mathbf{x}, t) = \\
= \rho_f[\phi C_f + (1 - \phi)C_s]\gamma_f \frac{\partial h}{\partial t}.
\end{aligned} \tag{53}$$

Si la densidad del fluido es constante o muy poco variable (muy baja compresibilidad), el término $\nabla\rho_f \cdot (\mathbf{K}\nabla h)$ es despreciable. Luego, dividiendo por ρ_f, la ecuación de continuidad queda así expresada:

$$\nabla \cdot (\mathbf{K}\nabla h) + Q(\mathbf{x}, t) = [\phi C_f + (1 - \phi)C_s]\gamma_f \frac{\partial h}{\partial t}. \tag{54}$$

Flujo tridimensional en función de la presión de poro

La ley de Darcy relaciona linealmente el flujo con la fuerza que produce la filtración. Se denomina $\mathbf{V}^f$ al vector de velocidad media de las partículas de fluido y $\mathbf{V}^s$ al de las partículas sólidas. Entonces el volumen de fluido que percola una unidad de superficie por unidad de tiempo es precisamente el caudal específico o flujo de Darcy:

$$\mathbf{q} = \phi(\mathbf{V}^f - \mathbf{V}^s)$$

En el espacio tridimensional es necesario considerar la gravedad, porque el gradiente vertical de presión afecta al flujo. La ley de Darcy en medio isótropo es (Coussy, 2004):

$$\mathbf{q} = \begin{Bmatrix} q_x \\ q_y \\ q_z \end{Bmatrix} = \phi(\mathbf{V}^f - \mathbf{V}^s) = \frac{\mathbf{K}}{\mu_f}[-\nabla p + \rho_f(\mathbf{f} - \ddot{\mathbf{u}}^f)]. \tag{55}$$

En la expresión anterior, $\mathbf{f}$ es el *vector de fuerzas de volumen* (incluye la acción gravitatoria) y $\ddot{\mathbf{u}}^f$ es el *vector de aceleraciones de las partículas del fluido*. Para un medio anisótropo, la expresión general es:

$$\mathbf{q} = \frac{\mathbf{K}}{\mu_f} \cdot [-\nabla p + \rho_f(\mathbf{f} - \ddot{\mathbf{u}}^f - \mathbf{a})], \tag{56}$$

en la cual $\mathbf{a}$ es un vector que tiene en cuenta el efecto de la tortuosidad y $\mathbf{K}$ es el *tensor de permeabilidad anisótropa* (depende de la geometría de espacio poroso):

$$\mathbf{K} = \begin{bmatrix} \kappa_x & 0 & 0 \\ 0 & \kappa_y & 0 \\ 0 & 0 & \kappa_z \end{bmatrix}. \tag{57}$$

Entonces, la expresión de la ley de Darcy para un fluido monofásico en un medio poroso anisótropo es:

$$\mathbf{q} = \frac{-1}{\mu_f}\mathbf{K} \cdot (\nabla p + \rho_f\,\mathbf{g}). \tag{58}$$

Desarrollada en forma matricial, queda:

$$\mathbf{q} = \begin{Bmatrix} q_x \\ q_y \\ q_z \end{Bmatrix} = -\frac{1}{\mu_f}\begin{pmatrix} \kappa_x & 0 & 0 \\ 0 & \kappa_y & 0 \\ 0 & 0 & \kappa_z \end{pmatrix} \cdot \begin{pmatrix} \dfrac{\partial p}{\partial x} \\ \dfrac{\partial p}{\partial y} \\ \dfrac{\partial p}{\partial z} - \rho_f g \end{pmatrix}. \tag{59}$$

---

5. Algunos autores también denominan coeficiente de permeabilidad a la *conductividad hidráulica k*. Terzaghi y Peck (1946) introdujeron el concepto de *conductividad hidráulica,* equivalente al concepto de *permeabilidad* del informe de Darcy, diverso de la *permeabilidad intrínseca κ*.

6. La viscosidad dinámica del agua a 20 °C es $\mu_f = 10^{-3}\,Pa \cdot s$ (1 Poisse$=$0.1 $Pa \cdot s$). Está relacionada con la viscosidad cinemática v_f (m²/s) mediante $\mu_f = v_f\rho_f$.

Para el caso isótropo, designando por z al eje vertical, positivo hacia arriba, la ley de Darcy se expresa para las direcciones coordenadas como (Wang, 2000; Verruijt, 2016):

$$\mathbf{q} = \begin{Bmatrix} q_x \\ q_y \\ q_z \end{Bmatrix} = \frac{-\kappa}{\mu_f} \nabla(p + \rho_f gz) = -\frac{\kappa}{\mu_f}\nabla p - \frac{\kappa\rho_f g}{\mu_f}\vec{k}. \quad (60)$$

$\vec{k}$ es el *vector unitario según el eje z*, y μ_f es la *viscosidad dinámica*. Desglosando la expresión (58) en sus componentes según los ejes coordenados, resulta:

$$\mathbf{q} = -\frac{1}{\mu_f}(\mathbf{K}\,\nabla p + \rho_f\,\mathbf{g}) \Rightarrow q_x = -\frac{\kappa_x}{\mu_f}\frac{\partial p}{\partial x};$$
$$q_y = -\frac{\kappa_y}{\mu_f}\frac{\partial p}{\partial y}; \quad q_z = -\frac{\kappa_z}{\mu_f}\left(\frac{\partial p}{\partial z} + \gamma_f\right), \quad (61)$$

en la cual q_i son las componentes en cada dirección del *caudal específico* o tasa volumétrica de flujo por unidad de área $[L/T]$ dentro del material poroso, $\mathbf{g}$ el *vector de aceleración de la gravedad* y $\mathbf{K}$ es el tensor de permeabilidad intrínseca anisótropo.

En algunas formulaciones se considera el eje z positivo hacia abajo (Terragni, 2013); en ese caso cambia el signo del término gravitatorio en la ley de Darcy:

$$\mathbf{q} = -\frac{1}{\mu_f}(\mathbf{K}\,\nabla p - \rho_f\,\mathbf{g}) \Rightarrow q_x = -\frac{\kappa_x}{\mu_f}\frac{\partial p}{\partial x};$$
$$q_y = -\frac{\kappa_y}{\mu_f}\frac{\partial p}{\partial y}; \quad q_z = -\frac{\kappa_z}{\mu_f}\left(\frac{\partial p}{\partial z} + \gamma_f\right). \quad (62)$$

Análogamente, la ley de Darcy se puede expresar en términos de la *conductividad hidráulica k* y del campo de presiones:

$$q_x = -\frac{k}{\gamma_f}\frac{\partial p}{\partial x}; \quad q_y = -\frac{k}{\gamma_f}\frac{\partial p}{\partial y}; \quad q_z = -\frac{k}{\gamma_f}\left(\frac{\partial p}{\partial z} + \gamma_f\right). \quad (63)$$

3.5. El coeficiente de almacenamiento. Contextos y acepciones

Meinzer (1928) observó que los acuíferos son comprensibles y que les es aplicable el principio de las tensiones efectivas. Presentó unas relaciones entre las cantidades relativas de agua liberada por la compresión del acuífero y la expansión del agua. Su trabajo fue ampliado por Theis (1935), que formuló la

ecuación diferencial que rige el flujo transitorio de agua subterránea hacia un pozo excavado en un acuífero horizontal. Su estudio marcó un hito en la historia de la hidrología subterránea: desarrolló la llamada *ecuación de difusión*, que ha sido muy difundida y utilizada desde entonces por hidrogeólogos e ingenieros petroleros, quienes posteriormente han desarrollado la teoría del flujo desacoplado o de dos pasos, seguido por muchos autores para simular y predecir subsidencias del terreno debidas a la extracción de fluidos (Gambolatti y Freeze, 1973). Aun así, la naturaleza y aplicación de este concepto han sido objeto de debate en los ámbitos técnico y científico durante décadas (Gambolatti, 2000).

El fluido que entra a ocupar o sale expelido de los poros en un medio poroso puede ser causado por tres fenómenos diversos:

1. Que el medio poroso en conjunto se expanda o se contraiga (se deforme).
2. Que la matriz sólida se dilate o se contraiga (efecto de la compresibilidad C_s).
3. Que la fase fluida se dilate o se contraiga (influencia de la compresibilidad C_f).

En las ecuaciones que describen el flujo de fluidos en un medio poroso, el *coeficiente de almacenamiento* relaciona la variación de la carga hidráulica con el cambio en el volumen de fluido almacenado en el mismo.

A su vez, el coeficiente de almacenamiento es sensible a las condiciones mecánicas (en cuanto a tensiones o a deformaciones) del contorno del recinto. En consecuencia, cabe esperar definiciones diversas de los coeficientes de almacenamiento, las cuales dependen de los módulos volumétricos del medio, del esqueleto sólido y del fluido, K, K_s, K_f, respectivamente, así como de la porosidad ϕ.

3.5.1. Definición según la hidrogeología

El concepto de *coeficiente de almacenamiento* se definió en el contexto de la hidrogeología (Theis, 1935). Posteriormente, Jacob (1940) dio una interpretación para un acuífero confinado y en 1950 llegó a la ecuación de flujo tridimensional, que es el punto de partida habitual para los análisis de flujo transitorio de fluidos en acuíferos confinados (Wang, 2000):[7]

---

7. La ecuación de flujo obtenida mediante la formulación poroelástica lineal contiene un término adicional asociado a la dependencia del tiempo de la deformación volumétrica. Dicho tér-

$$\frac{\partial h}{\partial t} = \gamma_f \frac{\kappa}{\mu_f S_s} \nabla^2 h. \tag{64}$$

La interpretación práctica de este coeficiente depende del tipo de acuífero (Uliana, 2005).

Se pueden clasificar los acuíferos en *confinados* (son aquellos delimitados superior e inferiormente por formaciones impermeables) o *no confinados* (también llamados *acuíferos freáticos;* son aquellos cuyo límite superior es la superficie freática libre). Ya sean confinados o no, los acuíferos que pueden perder o ganar agua a través de una o ambas capas semipermeables que los limitan superior e inferiormente, se denominan *acuíferos con fugas* o *semiconfinados*.

En virtud del principio de las tensiones efectivas (5), si las tensiones totales permanecen constantes se cumple que $d\sigma' = dp$. Además, el término $\partial(\phi\rho_f)/\partial t$ del segundo miembro de la ecuación de continuidad (43) representa la variación temporal de la masa de fluido por unidad de volumen de medio poroso. Luego tanto ρ_f como ϕ dependen de la presión intersticial, p.

En consecuencia, cuando se bombea desde un acuífero disminuye la presión, el agua se expande y además aumentan las tensiones efectivas. Es decir, el agua extraída procede de varios procesos: del vaciado de los poros o grietas saturadas, de la disminución de la porosidad y de la compactación del medio poroso producida por su distensión elástica. Este fenómeno complejo implica que materiales aparentemente parecidos no siempre produzcan los mismos volúmenes de agua. En efecto, el conjunto de cualidades que condicionan el volumen de agua producida se cuantifica mediante lo que se denomina *coeficiente de almacenamiento*. En términos prácticos, es un indicador del volumen de agua que se puede extraer de un acuífero para una determinada disminución del nivel piezométrico.

Por una parte, la porosidad y la permeabilidad son parámetros que definen las características hidráulicas de un medio poroso. Por otra, la ecuación del flujo del agua subterránea combina la de conservación de la masa de fluido y la ley de Darcy. Se suele expresar en hidrogeología en función de la *carga hidráulica h* —en lugar de la presión p— de la forma (Wang y Manga, 2021):

$$\frac{1}{\rho_f} \frac{\partial(\phi\rho_f)}{\partial t} = k_x \frac{\partial^2 h}{\partial x^2} + k_y \frac{\partial^2 h}{\partial y^2} + k_z \frac{\partial^2 h}{\partial z^2}. \tag{65}$$

mino adicional conllevó una cierta controversia en hidrogeología durante la década de 1960 hasta que, en 1969, Verruijt demostró que la descripción más general (lineal) del comportamiento del acuífero se obtiene a partir de la teoría de Biot.

Las permeabilidades resultan difíciles de medir, al contrario que la *transmisividad, T_v*, por lo cual se utiliza esta más a menudo en los cálculos de explotación de pozos. T_v mide el caudal horizontal de agua por unidad de ancho a través del espesor promedio del acuífero por unidad de gradiente hidráulico (Bear, 1979). Por eso, a menudo la ecuación de flujo de agua en el subsuelo se expresa en función de la transmisividad, $T_v [m^2/s]$ y de la capacidad de almacenamiento, S [adimensional] (Wang y Manga, 2021).

En las ecuaciones de flujo de agua subterránea se manejan usualmente tres versiones de coeficientes de almacenamiento (Uliana, 2005): el coeficiente de almacenamiento específico, el rendimiento específico y la capacidad de almacenamiento.

3.5.1.1. EL COEFICIENTE DE ALMACENAMIENTO ESPECÍFICO O ALMACENAMIENTO ESPECÍFICO S_s

Según la definición hidrogeológica, $S_s [m^{-1}]$, es el volumen de agua extraído de (o añadido a) una unidad de volumen de un acuífero confinado saturado ante una disminución unitaria (o incremento unitario) de la carga hidráulica (Wang y Manga, 2021):

$$S_s = \frac{1}{\rho_f} \frac{\partial(\phi\rho_f)}{\partial h}. \tag{66}$$

Esta definición de S_s presupone deformaciones nulas en las direcciones horizontales y que la tensión total normal en la dirección vertical (ortogonal) es constante. S_s es una propiedad local del punto (Green y Wang, 1990; Cheng, 2016).

Alternativamente, se puede definir S_s en función de la presión: es la cantidad de fluido extraído de un volumen unitario de medio poroso por un decremento unitario en la presión de poro (Green y Wang, 1990). Así, S_s se expresa como (Wang, 2000):

$$S_s = \frac{\delta\zeta}{\delta p}\bigg|_{\varepsilon_x = \varepsilon_y = 0;\, \sigma_z = 0} \tag{67}$$

En efecto, teniendo en cuenta la relación (38) entre la cota piezométrica y la presión y aplicando la regla de la cadena en el segundo miembro de (66) se obtiene:

$$\frac{\partial(\phi\rho_f)}{\partial h} = \frac{\partial(\phi\rho_f)}{\partial p} \frac{\partial p}{\partial h} = \left(\rho_f \frac{\partial\phi}{\partial p} + \phi \frac{\partial\rho_f}{\partial p}\right) \gamma_f, \tag{68}$$

se obtiene una expresión alternativa para el almacenamiento específico en función de las compresibilidades del volumen de poros, C_ϕ, y del fluido, C_f, respectivamente:[8]

$$S_s = \gamma_f \left(\frac{\partial \phi}{\partial p} + \frac{\phi}{\rho_f} \frac{\partial \rho_f}{\partial p} \right) = \gamma_f (C_\phi + \phi C_f). \qquad (69)$$

Hipótesis de medio poroso deformable

Teniendo en cuenta (66), el segundo miembro de la ecuación de continuidad (41) que rige el flujo se puede expresar así:

$$\frac{\partial (\phi \rho_f \, dV)}{\partial t} = \frac{\partial (\phi \rho_f)}{\partial t} dV + \phi \rho_f \frac{\partial (dV)}{\partial t} =$$
$$= \rho_f S_s \frac{\partial h}{\partial t} dV + \phi \rho_f \frac{\partial (dV)}{\partial t}.$$

Aplicando la regla de la cadena sobre el último sumando, teniendo en cuenta la definición (22) de C_s, y que $\partial \sigma' = \partial p$:

$$\phi \rho_f \frac{\partial (dV)}{\partial t} = \phi \rho_f \frac{\partial (dV)}{\partial \sigma'} \frac{\partial \sigma'}{\partial p} \frac{\partial p}{\partial h} \frac{\partial h}{\partial t} =$$
$$= \phi \rho_f C_s \gamma_f \, dV \frac{\partial h}{\partial t}.$$

De este modo, la ecuación de continuidad (41) queda expresada así:

$$-\nabla \cdot (\rho_f \mathbf{q}) + \rho_f Q(\mathbf{x}, t) =$$
$$= \rho_f [\phi C_f + (1 - \phi) C_s] \gamma_f \frac{\partial h}{\partial t} + \phi \rho_f C_s \gamma_f \frac{\partial h}{\partial t}. \qquad (70)$$

Añadiendo el término debido a la compresibilidad del medio poroso, el coeficiente de almacenamiento específico S_s viene dado por (Wang y Manga, 2021):

$$S_s = \gamma_f (\phi C_f + C_\phi). \qquad (71)$$

Hipótesis de medio poroso indeformable

Si no hay variación de volumen del compuesto, al aplicar la regla de la cadena al término $\partial (\phi \rho_f)/\partial t$ del segundo miembro de (43) se obtiene:

$$\frac{\partial (\phi \rho_f)}{\partial t} = \frac{\partial (\phi \rho_f)}{\partial p} \gamma_f \frac{\partial h}{\partial t}. \qquad (72)$$

Dicho término $\partial (\phi \rho_f)/\partial t$ está relacionado con la compresibilidad del esqueleto sólido, C_s, y la del fluido, C_f. Desarrollando el término $\partial (\phi \rho_f)/\partial p$ y sustituyendo (25), queda:

$$\frac{\partial (\phi \rho_f)}{\partial p} = \rho_f \frac{\partial \phi}{\partial p} + \phi \frac{\partial \rho_f}{\partial p} = \rho_f \frac{\partial \phi}{\partial \sigma'} \frac{\partial \sigma'}{\partial p} + \phi \rho_f C_f. \qquad (73)$$

Teniendo en cuenta el principio de las tensiones efectivas de Terzaghi (6) con $\alpha_B = 1$, si las tensiones totales son constantes se cumple que $d\sigma = 0 \Rightarrow d\sigma' = dp$. Además, sustituyendo (23) en la ecuación anterior, el término $\partial (\phi \rho_f)/\partial t$ pueda:

$$\frac{\partial (\phi \rho_f)}{\partial p} = \rho_f [\phi C_f + (1 - \phi) C_s]. \qquad (74)$$

Sustituyendo (74) en la ecuación de continuidad (43), y según (73) se obtiene:

$$-\nabla \cdot (\rho_f \mathbf{q}) + \rho_f Q(\mathbf{x}, t) = \frac{\partial (\phi \rho_f)}{\partial t} =$$
$$= \rho_f [\phi C_f + (1 - \phi) C_s] \gamma_f \frac{\partial h}{\partial t}.$$

Esta expresión se suele agrupar de otra forma más conocida:

$$\rho_f S_s \frac{\partial h}{\partial t} + \nabla \cdot (\rho_f \mathbf{q}) = \rho_f Q(\mathbf{x}, t). \qquad (75)$$

En la expresión anterior, $Q(\mathbf{x}, t)$ representa una fuente de volumen de fluido, el volumen de fluido añadido por unidad de volumen de medio poroso y unidad de tiempo. S_s es el *coeficiente específico de almacenamiento* $[m^{-1}]$, que representa el volumen de fluido liberado por unidad de volumen de medio poroso cuando el nivel piezométrico se disminuye una unidad. Los valores típicos de S_s son del orden de $S_s \approx 10^{-6} m^{-1}$. Su expresión es:

$$S_s = \gamma_f [\phi C_f + (1 - \phi) C_s]. \qquad (76)$$

3.5.1.2. El rendimiento específico, S_y

El *rendimiento específico, S_y* (adimensional) se define para acuíferos no confinados. Representa el volumen de agua extraído de un volumen unidad del acuífero para una caída unidad en el nivel de la capa freática (Wang y Manga, 2021). También se define como el volumen de agua que drenará por gravedad

---

8. En la literatura es frecuente admitir que $C_\phi = C_s$ cuando el esqueleto sólido está constituido por un único componente (Merxhani, 2016).

de un volumen unidad de un acuífero saturado; equivale a la porosidad efectiva (Uliana, 2005).[9]

3.5.1.3. La capacidad de almacenamiento S

Se designa con la variable S, adimensional.[10] Mide el volumen de agua, V_f, extraída (agregada) por unidad de área de acuífero, A, por unidad de disminución (aumento) de carga hidráulica, h:

$$S = \frac{d}{dh}\left(\frac{V_f}{A}\right) \Rightarrow \frac{\Delta V_f}{A} = S(h_2 - h_1).$$

Este coeficiente debe estimarse mediante calibración de un modelo. En los acuíferos reales, depende de su espesor: a mayor espesor el acuífero transmite y produce más cantidad de agua.

La capacidad de almacenamiento de un acuífero no confinado es igual al almacenamiento específico multiplicado por el espesor del acuífero más el rendimiento específico, S_y (Uliana, 2005). Además, suponiendo incompresibles el agua y la roca, la capacidad de almacenamiento coincide con la *porosidad efectiva de la roca* y es a su vez igual al *rendimiento específico de la roca* (Bear 1979), que representa el volumen poroso efectivo que abastece de agua a los pozos.

La capacidad de almacenamiento usual de los acuíferos no confinados oscila entre 0,05 y 0,3.

La capacidad de almacenamiento de los *acuíferos confinados* es el producto del almacenamiento específico, S_s, por el espesor del acuífero. Su capacidad de almacenamiento es pequeña, entre 10^{-5} y 10^{-3}, pues depende de las compresibilidades de la roca y del fluido (Bundschuh y Suárez Arriaga, 2010).

3.5.1.4. Los coeficientes de almacenamiento hidrogeológicos y las constantes poroelásticas

Bajo condiciones edométricas, es decir, desplazamientos laterales restringidos para el acuífero y tensión vertical total constante, de modo que solo pueden existir deformaciones verticales, el *coeficiente de almacenamiento específico S_{su}* está relacionado con las constantes poroelásticas mediante (Cheng, 2016):

$$S_{su} = \frac{1}{M} + \frac{3\alpha_B^2}{3K + 4G}.$$

En esta expresión, $M = \lambda + 2G$ es el *módulo de Biot*; K y G son, respectivamente, los módulos volumétrico drenado y de deformación transversal del medio poroso, tales que $K = \lambda + 2G/3$, siendo λ la *constante de Lamé*.

Si la definición anterior se expresa en términos de la disminución unitaria de la presión en lugar de la de la carga piezométrica (la definición hidrogeológica), se obtiene el *coeficiente de almacenamiento uniaxial, S_{su}*, con unidades $[Pa^{-1}]$:

$$S_{su} = \frac{S_s}{\gamma_f} = \frac{\phi}{K_f} + \frac{3}{3K + 2G}. \tag{78}$$

Wang (2000) recoge otra expresión en función del coeficiente de Skempton y de S_σ:

$$S_{su} = S_\sigma \left(1 - \frac{4}{3}\frac{1 - 2\nu}{2(1 - \nu)}B\right).$$

Suponiendo un pozo vertical de radio constante, en el que el flujo sea puramente radial y que permanecen constantes las propiedades del fluido (densidad ρ_f y viscosidad dinámica μ_f) y la permeabilidad intrínseca del medio homogéneo e isótropo, se puede expresar el coeficiente de almacenamiento específico de un acuífero confinado en función de las constantes poroelásticas:

— Green y Wang, 1990:

$$S_s = \gamma_f \left[\left(\frac{1}{K} - \frac{1}{K_s}\right)\left(1 - \frac{4G\alpha_B}{K + 4G/3}\right) + \right.$$
$$\left. + \phi\left(\frac{1}{K_f} - \frac{1}{K_s}\right)\right]. \tag{79}$$

— Cosenza *et al.*, 2002:

$$S_s = \gamma_f \frac{1}{M}\frac{3K_u + 4G}{3K + 4G}. \tag{80}$$

3.5.2. *Diversas acepciones del coeficiente de almacenamiento*

3.5.2.1. El coeficiente de almacenamiento para volumen constante, S_ε

El término S_ε que aparece en la ecuación de balance de masa de fluido es *el coeficiente de almacena-*

---

9. En un acuífero libre, la porosidad efectiva o rendimiento específico es el volumen de agua que cada columna de acuífero de sección horizontal unidad tiende a ceder (o aumentar) cuando el nivel freático desciende (o aumenta) en una unidad.

10. En la literatura anglosajona se denomina *storativity*.

miento del medio poroelástico.[11] Coincide con el coeficiente $1/M$ establecido inicialmente por Biot (1941). Se define como la variación del incremento de contenido de fluido ζ por unidad de volumen del medio poroso, causado por un incremento unitario de presión de poro bajo condiciones de volumen constante ($\varepsilon = 0$), (Wang, 2000; Merxhani, 2016):

$$S_\varepsilon \equiv \frac{1}{M} = \left.\frac{\partial \zeta}{\partial p}\right|_{\varepsilon = 0} \qquad (81)$$

Esta definición permite medir el valor de S_ε en el laboratorio mediante un ensayo en el que la muestra se envuelve en una camisa indeformable e impermeable. Se inyecta en aquella un volumen conocido de fluido, ζ, y se mide el aumento de presión p. En estas condiciones ($\varepsilon = 0$) se cumple que $p = M\zeta$ (Cheng, 2016). El coeficiente de almacenamiento es diverso de la compresibilidad del fluido, C_f, definida en (25).

En el caso de un material poroso ideal, se puede calcular a partir de las propiedades básicas del material como (Detournay y Cheng, 1993; Cheng, 2016):

$$S_\varepsilon = \frac{1}{M} = \frac{\phi}{K_f} + \frac{\alpha_B - \phi}{K_s} = \frac{\phi}{K_f} + \frac{1 - \phi}{K_s} - \frac{K}{K_s^2}. \qquad (82)$$

En esta expresión, K_f es el módulo volumétrico del fluido, el inverso de C_f; K_s es el módulo volumétrico del material sólido, el inverso de C_s, definido en (23).

La expresión (82) se puede reescribir de otra forma:

$$S_\varepsilon = \frac{\phi}{K_f} + (\alpha_B - \phi)\frac{1 - \alpha_B}{K} = \phi C_f + \frac{1 - \phi}{K_s} - C_s. \qquad (83)$$

Para una matriz porosa blanda, $\alpha_B \approx 1$, y $S_\varepsilon \approx \phi/K_f$; para una matriz porosa rígida $\alpha_B \approx \phi$ y $S_\varepsilon \approx \phi/K_f$ son los límites inferiores para el almacenamiento S_ε.

El valor máximo para el coeficiente de almacenamiento se alcanza cuando $\alpha_B = (1 + \phi)/2$:

$$S_\varepsilon^{max} = \frac{\phi}{K_f} + \frac{(1 - \phi)^2}{4\,K}.$$

Si la fase sólida está constituida por un solo material, S_ε vale (Verruijt, 2016; Merhani, 2016):

$$S_\varepsilon = \phi C_f + (\alpha_B - \phi)\,C_s = \alpha_B C_s + \phi(C_f - C_\phi). \qquad (84)$$

C_ϕ es la *compresibilidad unjacketed del volumen de poros*, dada por (27). También se puede expresar S_ε en términos del *coeficiente de presión de poro de Skempton, B* y del *módulo de compresión del compuesto, K* (Wang, 2000):

$$S_s = \frac{\alpha_B}{B}\frac{(1 - \alpha_B B)}{K} = \frac{\alpha_B}{B\,K_u}, \qquad (85)$$

en la que K_u es el *módulo de compresión no drenado del compuesto*, definido en (14).

A efectos prácticos, resulta más fácil calcular S_ε midiendo el coeficiente B de Skempton y eludir las dificultades de poder medir C_ϕ.[12] Si la fase sólida se compone de un único material se cumple que $C_\phi = C_s$ y la expresión anterior se convierte en (Coussy, 2004; Verruijt, 2016):

$$S_\varepsilon = \phi C_f + (\alpha_B - \phi)\,C_s = \phi C_f + \frac{(\alpha_B - \phi)(1 - \alpha_B)}{K}. \qquad (86)$$

Expresando S_ε in términos del coeficiente no drenado de Poisson, queda:

$$S_\varepsilon = \frac{\alpha_B^2(1 - 2\nu)(1 - 2\nu_u)}{2G(\nu_u - \nu)}. \qquad (87)$$

Para una roca saturada con un solo constituyente sólido, el coeficiente no drenado de Poisson, ν_u, viene dado por (Wang, 2000):

$$\nu_u = \frac{3\nu + \alpha_B B(1 - 2\nu)}{3 - \alpha_B B(1 - 2\nu)}. \qquad (88)$$

Otras descripciones del coeficiente de almacenamiento S_ε encontradas en la literatura son:

— De Marsily (1981):

$$S_\varepsilon = \frac{\phi}{K_f} + \frac{1 - \phi}{K_s} + \frac{1}{K}. \qquad (89)$$

---

11. En la literatura anglosajona se denomina *constrained specific storage coefficient*. Sus unidades son Pa^{-1}.

12. La definición más rigurosa del coeficiente de almacenamiento es $S_\varepsilon = \alpha_B C_s + \phi(C_f - C_\phi)$. Cuando la fase sólida está constituida por un único material, $C_s = C_\phi$, luego $S_\varepsilon = \phi C_f + (\alpha_B - \phi)\,C_s$ (Merxhani, 2016).

— Wang (2000):

$$S_\varepsilon = \frac{1}{K_s'}\left(1 - \frac{K}{K_s'}\right) + \phi\left(\frac{1}{K_f} - \frac{1}{K_\phi}\right). \tag{90}$$

— Segall (2010):

$$S_\varepsilon = \frac{\alpha_B}{K_s} + \phi\left(\frac{1}{K_f} - \frac{1}{K_\phi}\right). \tag{91}$$

— Cheng (2016):

$$S_\varepsilon = \frac{1}{M} = \frac{\phi}{K_f} + \frac{1 - \phi}{K_s} - \frac{K}{K_s^2}. \tag{92}$$

— De Simone y Carrera (2018):

$$S_\varepsilon = \frac{\phi}{K_f} + \frac{1 - \phi}{K_s} + \frac{\alpha_B}{\lambda + \dfrac{2G}{n}}. \tag{93}$$

En esta expresión, n es el número de direcciones con deformación no nula; en particular, si los desplazamientos laterales están impedidos $n = 1$.

3.5.2.2. Coeficiente medido en condiciones de tensiones de confinamiento constantes, S_σ

Coincide con el coeficiente $1/R$ establecido inicialmente por Biot (1941). Se mide bajo tensión de confinamiento constante, es decir, pudiendo haber deformaciones.[13] Su valor es:

$$S_\sigma = \frac{1}{R} = \frac{\phi}{K_f} + \frac{1}{K} - \frac{1 + \phi}{K_s}. \tag{94}$$

También se denomina coeficiente de almacenamiento específico no confinado o coeficiente específico tridimensional de almacenamiento (Biot, 1941; Wang, 2000):

$$S_\sigma = \frac{1}{R} = \frac{1}{M} + \frac{\alpha_B^2}{K} = \frac{K_u}{M(K_u - \alpha_B^2 M)}. \tag{95}$$

Otra expresión equivalente es (Wang, 2000):

$$S_\sigma = \left(\frac{1}{K} - \frac{1}{K_s'}\right) + \phi\left(\frac{1}{K_f} - \frac{1}{K_\phi}\right). \tag{96}$$

La definición del *coeficiente de almacenamiento hidrogeológico*, S_s, se refiere a carga piezométrica en lugar de a la presión de poro, lo cual requiere dividir por el factor $\rho_f g$ para producir su equivalente poroelástico, S_σ, es decir, $S_s = \gamma_f S_\sigma$.

3.5.2.3. Relaciones entre S_σ y S_ε

Se recogen algunas expresiones que relacionan los coeficientes S_ε y S_σ:

— Detournay y Cheng, 1993:

$$S_\sigma = S_\varepsilon \frac{(1 - \nu_u)(1 - 2\nu)}{(1 - 2\nu_u)(1 - \nu)}. \tag{97}$$

— Wang, 2000:

$$\frac{S_\varepsilon}{S_\sigma} = \frac{K}{K_u}.$$
$$S_\varepsilon = S_\sigma - \frac{\alpha_B^2}{K} = \frac{\alpha_B^2}{K_u - K}. \tag{98}$$
$$S_\varepsilon = S_\sigma (1 - \alpha_B B).$$

Usualmente, el material sólido es mucho menos compresible que la fase fluida o que el compuesto, es decir, $K_s \gg K$ y $K_s \gg K_f$, por lo cual, las expresiones (82) y (94) se reducen a

$$S_\varepsilon = \frac{1}{M} = \frac{\phi}{K_f},$$
$$S_\sigma = \frac{\phi}{K_f} + \frac{1}{K}. \tag{99}$$

Las magnitudes de los diversos coeficientes de almacenamiento son tales que (Wang, 2000)

$$S_\sigma \geq S \geq S_\varepsilon.$$

3.5.3. *La ecuación de almacenamiento*

La ecuación de almacenamiento expresa la conservación de masa en el fluido:

$$\alpha_B \frac{\partial \varepsilon}{\partial t} + S_\varepsilon \frac{\partial p}{\partial t} = -\nabla \cdot \mathbf{q}. \tag{100}$$

en la cual $\partial \varepsilon / \partial t$ representa la derivada temporal de la deformación volumétrica.

Sustituyendo (61) en (100) se obtiene la ecuación de difusión del fluido o ecuación de conserva-

---

13. En la literatura anglosajona se denomina de formas diversas: *constant-stress storage coefficient*, *unconstrained specific storage coefficient* o también *three-dimensional specific storage coefficient*.

ción de la masa para flujo en medios porosos saturados bajo la ley de Darcy:

$$\alpha_B \frac{\partial \varepsilon}{\partial t} + S_\varepsilon \frac{\partial p}{\partial t} = -\nabla \cdot \left(\frac{\kappa}{\mu_f} \nabla p \right) = \nabla \cdot \left(\frac{k \nabla p}{\gamma_f} \right). \quad (101)$$

En la expresión anterior, ε es la *deformación volumétrica* del material poroso. Para un material homogéneo, la ecuación de almacenamiento se reduce a:

$$\alpha_B \frac{\partial \varepsilon}{\partial t} + S_\varepsilon \frac{\partial p}{\partial t} = \frac{\kappa}{\mu_f} \nabla^2 p = \frac{k}{\gamma_f} \nabla^2 p. \quad (102)$$

El módulo de Biot, M, es el inverso del coeficiente de almacenamiento S_ε:

$$M = \frac{1}{S_\varepsilon} = \frac{K_u - K}{\alpha_B^2}. \quad (103)$$

En condiciones no drenadas, el módulo de Biot se expresa como:

$$M = \frac{1}{S_\varepsilon} = \frac{B^2 K_u^2}{K_u - K}. \quad (104)$$

4. ECUACIONES CONSTITUTIVAS DE LA POROELASTICIDAD LINEAL

4.1. Parámetros, variables cinemáticas y dinámicas fundamentales

Una descripción matemática simple del doble acoplamiento poroelástico descrito en el capítulo 2 se traduce en un conjunto de ecuaciones constitutivas lineales:

— Una relación entre las deformaciones ε_{ij} y las tensiones σ_{ij} en el esqueleto sólido.
— Una relación entre la variación de contenido de fluido, ζ (4), la deformación volumétrica del esqueleto sólido, ε y los cambios de presión del fluido:

$$p = M(\zeta - \alpha_B \varepsilon). \qquad (105)$$

Es frecuente expresar la ecuación constitutiva para la fase fluida en función de la *presión de poro* p y de la *deformación volumétrica* $\varepsilon = \nabla \cdot \mathbf{u}$ como sigue:

$$\zeta = \frac{1}{M}p + \alpha_B \nabla \cdot \mathbf{u}. \qquad (106)$$

Dicha ecuación indica que un incremento en el contenido de fluido puede estar causado, bien por aumento de la presión, o bien por expansión del volumen del material poroso.

Biot y Willis realizaron ensayos *unjacketed* para medir los coeficientes α_B y M; y dedujeron expresiones para estos en términos de las compresibilidades del sólido y del fluido (Biot, 1962).

4.2. Las ecuaciones constitutivas de la poroelasticidad lineal

Existen dos formas de plantear las leyes constitutivas: una parte estrictamente de los principios macroscópicos de la mecánica de medios continuos; la otra, desde una perspectiva micromecánica. Ambas son útiles.

Las ecuaciones constitutivas generalmente se escriben en términos de cantidades absolutas en lugar de en sus diferenciales. Describen el acoplamiento entre el flujo de fluido y la respuesta mecánica elástica del medio poroso. Las ecuaciones constitutivas de la poroelasticidad son generalizaciones de las de la elasticidad lineal en las que se incorpora el campo de presiones del fluido. Un aumento de la presión del fluido hace que el medio poroso se expanda.

4.2.1. Descripción macroscópica

Supone pequeños cambios en las tensiones y en la presión de poro a partir de un estado inicialmente en equilibrio. Por lo tanto, centra la atención en las ecuaciones constitutivas linealizadas, análogas a la ley de Hooke. Biot sugirió por primera vez (1941) que las deformaciones son funciones lineales de las tensiones y de la presión del fluido intersticial. En el caso anisótropo más general, se expresan estas funciones como

$$\varepsilon_{ij} = S_{ijkl}\,\sigma_{kl} + A_{ij}\,p$$

en la cual S_{ijkl} es el tensor inverso del tensor C_{ijkl} clásico de la ley de Hooke generalizada y ε_{ij} es el tensor de deformaciones. Estas relaciones implican que los cambios en la presión de poro pueden causar deformaciones transversales.

El tensor de segundo orden A_{ij} relaciona la deformación y la presión intersticial. Cabe señalar que tanto la presión intersticial p como las tensiones se definen como cambios desde un estado de equilibrio para el cual $\varepsilon_{ij} = 0$. Resulta incómodo escribir siempre δp; en efecto, cabe recordar que $p = 0$ implica que la presión intersticial permanece constante, no es nula. En la mayoría de los casos, se consideran solo materiales isótropos, en los que el primer término del segundo miembro de la ecuación anterior se reduce a la forma isótropa habitual de la ley de Hooke. La forma isótropa más general del segundo término es $A_{ij} = cte \times \delta_{ij}$. Biot denominó $1/H$ a esta constante. Otros autores han escrito esta constante como

$$\frac{(1 - 2\nu)\,\alpha_B}{2G(1 + \nu)},$$

luego las ecuaciones constitutivas para el caso homogéneo e isótropo se pueden escribir así:

$$\sigma_{ij} = 2 G\, \varepsilon_{ij} + \frac{\nu}{(1+\nu)}\, \sigma_{kk}\, \delta_{ij} + \frac{(1-2\nu)\alpha_B}{(1+\nu)}\, p\, \delta_{ij}. \quad (107)$$

Esta ecuación se reduce a la forma estándar de la ley de Hooke si se expresa en tensiones efectivas, definidas según (6). Se observa que las deformaciones transversales son independientes de los cambios en la presión de fluido. Para deformaciones drenadas, $p = 0$, la ecuación anterior se reduce a la formulación isótropa de la ley de Hooke. En consecuencia, las constantes elásticas que intervienen en la expresión anterior son constantes drenadas.

Para completar las relaciones constitutivas se requiere considerar la cantidad de fluido almacenado dentro de un volumen elemental representativo del compuesto poroso. Biot (1941) empleó inicialmente la variable ζ. En cambio, Rice y Cleary (1976) emplearon el concepto de la masa de fluido intersticial por unidad de volumen del compuesto poroso medido en el estado inicial de referencia, es decir, (suponiendo el medio poroso saturado), $m_f = \phi_0 \rho_f$. Para pequeñas variaciones de m_f, linealizando se tiene que

$$\Delta m_f = \rho_{f0}\, \Delta\phi + \phi_0\, \Delta\rho_f = \rho_{f0}(\Delta\phi + \phi_0\, C_f p). \quad (108)$$

En esta expresión, C_f es la compresibilidad del fluido, definida en (25).

En un ensayo no drenado sucede que $\Delta m_f = 0$. Dado que Δm_f es el *cambio en la masa de fluido por unidad de volumen de roca* medido en el estado de referencia, la deformación volumétrica de la roca no induce cambios en Δm_f.

Teniendo en cuenta la definición del coeficiente de Skempton (32), se puede reescribir la ecuación constitutiva (108) para la deformación no drenada como

$$\Delta m_f = \frac{(1-2\nu)\alpha_B}{2G(1+\nu)}\, p_{f0}\left(\sigma_{kk} + \frac{3}{B}p\right). \quad (109)$$

En consecuencia, las relaciones constitutivas de los medios poroelásticos homogéneos e isótropos involucran cuatro constantes materiales: el coeficiente de Skempton, B, el coeficiente de Biot-Willis, α_B, junto con dos constantes de la elasticidad, el módulo de deformación transversal G y el coeficiente de Poisson, ν.

Ahora bien, en la literatura se utilizan otras opciones de constantes materiales por diversas razones. Así, en la elasticidad lineal isótropa solo hay dos constantes independientes, pero, según el caso, es conveniente usar cualquiera de las siguientes: G, λ, ν, E, K. En el caso de la poroelasticidad lineal anisótropa existen cuatro constantes independientes, pero se ha generado desafortunadamente una notable sopa de letras para los parámetros del material. Kumpel (1991) y Wang (2000) recogen relaciones entre los diversos parámetros constitutivos. Por ejemplo, la relación entre el coeficiente de Biot-Willis y el no drenado de Poisson, ν_u, es:

$$\alpha_B = \frac{3(\nu_u - \nu)}{B(1+\nu_u)(1-2\nu)}.$$

Precisamente, Rice y Cleary (1976) emplearon esta relación para establecer sus conocidas ecuaciones constitutivas:

$$\sigma_{ij} = 2 G\, \varepsilon_{ij} + \frac{\nu}{(1+\nu)}\, \sigma_{kk}\, \delta_{ij} + \frac{3(\nu_u - \nu)}{B(1+\nu_u)(1+\nu)}\, p\, \delta_{ij},$$
$$\Delta m = \frac{3(\nu_u - \nu)\rho_{f0}}{2G\, B(1+\nu_u)(1+\nu)}\left(\sigma_{kk} + \frac{3}{B}p\right). \quad (110)$$

4.2.2. Descripción micromecánica

Esta descripción relaciona los parámetros constitutivos macroscópicos con las propiedades de la roca, sus granos sólidos y sus poros. Para ello, se considera un medio poroso sujeto a una presión de confinamiento p_c y a una presión de poro, p, tal que experimentalmente es posible alterar p_c en una cantidad $\Delta p_c = -\sigma_{kk}/3$ y la presión intersticial separadamente. Para pequeños cambios en la presión de poro, se admite que se cumple la relación (Guéguen y Boutéca, 2004):

$$-\frac{\Delta V}{V} = -\varepsilon_{kk} = \frac{P}{K} + \frac{p}{K_s} = \frac{p_c - \alpha_B p}{K}.$$

$\varepsilon_{kk} \equiv \varepsilon$ es la *deformación volumétrica*, mientras que $P = p_c - p$ es la presión diferencial (Brown y Korringa, 1975; Berryman y Pride, 2002). Si esta es nula, entonces $-\varepsilon_{kk} = p/K_s$, con lo que la deformación volumétrica resultante es la de la fase sólida, no la de los poros.

La deformación volumétrica del sólido se puede relacionar con los cambios en la tensión media y la presión intersticial de la siguiente manera:

$$\varepsilon_{kk} = \frac{\sigma_{kk}}{3K} + \frac{\alpha_B p}{K} = -\frac{p}{K} + \frac{\alpha_B p}{K}. \quad (111)$$

Identificando estas dos últimas ecuaciones, se llega a la conocida expresión del coeficiente de Biot-Willis dada por (30). Introduciendo una relación análoga para el cambio en el volumen de poros, se tiene que:

$$-\frac{\Delta V_\phi}{V_\phi} = \frac{P}{K_p} + \frac{p}{K_\phi}. \tag{112}$$

Además, la variación del volumen de la fase fluida es proporcional a su compresibilidad C_f:

$$-\frac{\Delta V_f}{V_f} = \frac{p}{K_f} = p\, C_f. \tag{113}$$

En definitiva, es posible relacionar los dos parámetros constitutivos macroscópicos independientes, ya sea α_B y B, o ν_u y B, con los módulos intrínsecos K, K_s, K_p y K_Φ del medio poroso, teniendo en cuenta también que se cumple la relación:

$$\frac{\phi}{K_p} = \frac{\alpha_B}{K}. \tag{114}$$

Para suelos y rocas no consolidadas, $K_s \gg K$. Para un fluido relativamente incompresible como el agua $\phi/K_f \ll 1/K$ y también $\phi/K_\phi \ll 1/K$. En estos límites, $B \to 1$. Para rocas duras como areniscas, mármoles y granitos, B varía de 0,5 a 0,88 (Wang 2000; Jaeger *et al.*, 2009).

4.2.3. Condiciones no drenadas

Rice y Cleary (1976) reformularon las ecuaciones constitutivas de la poroelasticidad de Biot de 1941; escogieron parámetros constitutivos que enfatizan los comportamientos límites en condiciones drenadas y no drenadas, es decir, respuestas a largo y corto plazo, respectivamente. Además establecieron que en la respuesta no drenada, ($\zeta = 0$), las deformaciones del medio poroso siguen la ecuación constitutiva usual, pero con un valor diferente del coeficiente de Poisson, ν_u:

$$\varepsilon_{ij} = \frac{1}{2G}\left[\sigma_{ij} - \frac{\nu}{1+\nu}\sigma_{kk}\right] + \\ + p\delta_{ij}\frac{3(\nu_u - \nu)}{2GB(1+\nu)(1+\nu_u)}. \tag{115}$$

$$m - m_0 = \frac{3\rho_0(\nu_u - \nu)}{2GB(1+\nu)(1+\nu_u)}\left[\sigma_{kk} - \frac{p}{3B}\right]. \tag{116}$$

En las expresiones anteriores interviene el *coeficiente de Poisson no drenado*:

$$\nu_u = \frac{3\nu + B(1-2\nu)\left(1 - \dfrac{K}{K_s'}\right)}{3 - B(1-2\nu)\left(1 - \dfrac{K}{K_s'}\right)} = \\ = \frac{3\nu + \alpha_B B(1-2\nu)}{3 - \alpha_B B(1-2\nu)}. \tag{117}$$

Las ecuaciones de Lamé para el caso no drenado ($\zeta = 0$) se expresan así:

$$\sigma_{ij} = 2G\,\varepsilon_{ij} + \left(K - \frac{2G}{3}\right)\varepsilon\,\delta_{ij} + \alpha_B B\sigma\,\delta_{ij}. \tag{118}$$

Otras relaciones interesantes para el caso no drenado son (Merxhani, 2016):

$$\lambda_u = \lambda + a_B^2 M; \quad \nu_u = \frac{\lambda_u}{2(\lambda_u + G)}; \quad E_u = \frac{1+\nu_u}{1+\nu}E. \tag{119}$$

4.3. El modelo poroelástico simplificado

La situación *drenada* se refiere a las deformaciones de la fase sólida bajo una determinada presión de poro (carga hidráulica) fija p, de manera que se permite al fluido entrar o salir del elemento de volumen de medio poroso deformable mientras p se mantiene constante. En cambio, la situación denominada *no drenada* corresponde a las deformaciones que ocurren sin que el fluido pueda entrar o salir del volumen del elemento poroso, por consiguiente, sin variación del contenido de fluido.

Rice y Cleary (1976) definieron el concepto de *contenido de masa de fluido m_f* como la cantidad de masa de fluido en una unidad de volumen de referencia de medio poroso. Su variación es $\delta m_f = m_f - m_{f0}$, en la que m_{f0} es el valor inicial de m_f. Dicho parámetro está relacionado con la variación de contenido de fluido, ζ, mediante (4).

La variable m_f es una propiedad de estado, a diferencia de ζ, que en el contexto hidrogeológico designa el volumen de fluido transportado, aportado o extraído del medio poroso. Una ventaja de emplear ζ como variable principal es que es adimensional, al igual que la deformación, de forma que así en las ecuaciones constitutivas no interviene la densidad.

4.3.1. Medio elástico homogéneo

Las ecuaciones constitutivas relacionan las componentes de las tensiones con las del tensor de deformación en un punto. Las ecuaciones de Lamé para el medio poroso seco, lineal e isótropo, son:

$$\sigma_{ij} = \left(K - \frac{2G}{3} \right) \varepsilon_{kk}\, \delta_{ij} + 2G\, \varepsilon_{ij}. \qquad (120)$$

En esta expresión, ε_{kk} es la deformación volumétrica, $\varepsilon_{kk} \equiv \varepsilon = \Delta V / V$.

Las ecuaciones de Hooke para un medio elástico isótropo, homogéneo y lineal son:

$$\begin{aligned} \varepsilon_{ij} &= \frac{\sigma_{ij}}{2G} - \left(\frac{1}{6G} - \frac{1}{9K} \right) \sigma_{kk}\, \delta_{ij} = \\ &= \frac{1+\nu}{E}\, \sigma_{ij} - \frac{\nu}{E}\, \sigma_{kk}\, \delta_{ij}. \end{aligned} \qquad (121)$$

En esta expresión, $\sigma_{kk}/3$ es la tensión media, está relacionada con la deformación volumétrica y el módulo de compresión del medio mediante $\sigma_{kk} = 3K\varepsilon_{kk}$.

Las componentes del tensor de deformaciones infinitesimales están definidas respecto de los movimientos:

$$\varepsilon_{ij} = \frac{1}{2} \left(\frac{\partial u_i}{\partial x_j} + \frac{\partial u_j}{\partial x_i} \right).$$

4.3.2. Medio poroelástico homogéneo

Las ecuaciones constitutivas expresan las fuerzas de interacción entre las fases sólida y fluida. Si se emplea el vector **u** de los desplazamientos como variable independiente, el problema poroelástico isótropo lineal consiste en un sistema de ecuaciones diferenciales en derivadas parciales, cuyas incógnitas son los desplazamientos y la presión p del fluido. El tensor de deformaciones infinitesimales es $\boldsymbol{\varepsilon} = (\nabla\mathbf{u} + \nabla\mathbf{u}^T)/2$.

Así, las ecuaciones de equilibrio interno, expresadas en función de los desplazamientos, llamadas de Navier, son:

$$\nabla[G(\nabla\mathbf{u} + \nabla\mathbf{u}^T) + \lambda(\nabla \cdot \mathbf{u}\mathbf{I})] - \alpha_B\nabla p = -\mathbf{f}, \qquad (122)$$

en la que **f** es el *vector de fuerzas de volumen*, G es el *módulo de deformación transversal*, λ es la *constante de Lamé*, e **I** el *tensor identidad*. Expresando las ecuaciones anteriores en forma indicial para cada dirección, queda (Cheng, 2016):

$$\frac{G}{1 - 2\nu}\, u_{k,ki} + G\, u_{i,kk} - \alpha_B \frac{\partial p}{\partial x_i} = 0. \qquad (123)$$

Bajo las hipótesis de linealidad, reversibilidad de las deformaciones y fuerzas másicas nulas, las relaciones constitutivas para la fase sólida son:

$$\sigma_{ij} = 2G\, \varepsilon_{ij} + \left(K - \frac{2G}{3} \right) \delta_{ij}\varepsilon_{kk} - \alpha_B\delta_{ij}p. \qquad (124)$$

En cuanto a la fase fluida, la ecuación de difusión se deduce a partir de la de conservación de la masa de fluido junto con la ley de flujo de Darcy:

$$\frac{1}{M} \frac{\partial p}{\partial t} + \alpha_B \frac{\partial (\nabla \cdot \mathbf{u})}{\partial t} - \nabla \cdot (\mathbf{K}\,\nabla p) = \omega, \qquad (125)$$

en la que **K** es el *tensor de permeabilidad* y ω un término de *fuente o sumidero de fluido*.

El término $\alpha_B\nabla p$ introduce acoplamiento en (122); representa la tensión adicional causada por la *presión de poro p*. En cambio, en (125) introduce acoplamiento la derivada temporal de $\alpha_B(\nabla \cdot \mathbf{u})$, que representa la variación adicional de contenido de fluido debida a cambios de volumen en el medio poroso.

Desde otro punto de vista, las ecuaciones constitutivas pueden expresar la relación de las componentes del tensor de deformaciones en el esqueleto sólido y de la variación de contenido de fluido ζ con las componentes del tensor de tensiones totales y la presión de poro p (Fan *et al.*, 2019):

$$\begin{aligned} \varepsilon_{ij} &= \frac{1+\nu}{E}\, \sigma_{ij} - \frac{\nu}{E}\, \sigma_{kk}\, \delta_{ij} + \frac{\alpha_B p}{3K}\, \delta_{ij}, \\ \zeta &= \frac{\alpha_B}{KB} \left(\frac{B\sigma_{kk}}{3} + p \right). \end{aligned} \qquad (126)$$

En la expresión anterior σ_{kk} es la *tensión cúbica*, la traza del tensor de tensiones totales.

Las ecuaciones de Lamé para el medio poroelástico, saturado, lineal e isótropo, son:

$$\sigma_{ij} = \left(K - \frac{2G}{3} \right) \varepsilon_{kk}\, \delta_{ij} - 2G\varepsilon_{ij} - \alpha_B p\, \delta_{ij}. \qquad (127)$$

El primer sumando del segundo miembro es, por definición, el *tensor de tensiones efectivas*:

$$\sigma'_{ij} = 2G\varepsilon_{ij} + \left(K - \frac{2G}{3}\right)\varepsilon_{kk}\,\delta_{ij}. \qquad (128)$$

Recíprocamente, las ecuaciones de Hooke para dicho medio poroelástico son:

$$\varepsilon_{ij} = \frac{\sigma_{ij}}{2G}\left(\frac{1}{6G} - \frac{1}{9K}\right)\sigma_{kk}\,\delta_{ij} + \frac{\alpha_B p}{3K}\,\delta_{ij} =$$
$$= \frac{1+\nu}{E}\,\sigma_{ij} - \frac{\nu}{E}\,\sigma_{kk}\,\delta_{ij} + \frac{\alpha_B p}{3K}\,\delta_{ij}. \qquad (129)$$

La *deformación volumétrica* del medio poroelástico se expresa como:

$$\varepsilon \equiv \varepsilon_{kk} = \frac{1}{K}\left(\frac{\sigma_{kk}}{3} + \alpha_B p\right).$$

En condiciones no drenadas, las ecuaciones de Lamé tienen esta forma:

$$\sigma_{ij} = 2G\varepsilon_{ij} + \left(K_u - \frac{2G}{3}\right)\varepsilon_{kk}\,\delta_{ij},$$

y la deformación volumétrica se expresa, análogamente, como:

$$\varepsilon = \varepsilon_{kk} = \frac{\sigma_{kk}}{3K_u}. \qquad (130)$$

Otra expresión del módulo de compresión no drenado del medio poroso, diversa de (14), es

$$K_u = K + \frac{\alpha_B^2 K_s K_f}{\phi K_s + (\alpha_B - \phi)K_f}. \qquad (131)$$

5. TRATAMIENTO NUMÉRICO DEL PROBLEMA POROELÁSTICO LINEAL 1-D

5.1. Ecuaciones constitutivas del problema poroelástico 1D

Se considera un dominio homogéneo 1D, $\Omega = \{x: 0 \leq x \leq L\}$. Las incógnitas son la *presión de poro p* y el *desplazamiento u*. Teniendo en cuenta que $\partial\varepsilon/\partial t = \partial^2 u/\partial x \partial t$ en (125), las ecuaciones de la poroelasticidad lineal se resumen en

$$E' \frac{\partial^2 u}{\partial x^2} + \alpha_B \frac{\partial p}{\partial x} = 0, \quad 0 \leq x \leq L, t > 0$$
$$u = f_1(x) \qquad , \quad 0 \leq x \leq L, t > 0 \tag{132}$$

$$\frac{1}{M} \frac{\partial p}{\partial t} + \alpha_B \frac{\partial \varepsilon}{\partial t} = \frac{k}{\gamma_f} \frac{\partial^2 p}{\partial x^2}, \quad 0 \leq x \leq L, t > 0$$
$$p = f_2(x) \qquad , \quad 0 \leq x \leq L, t > 0 \tag{133}$$

en la que $E' = K + 4G/3$ es conocido como *módulo de deformación confinado, módulo longitudinal o módulo de las ondas P*. Es el módulo elástico en un estado de deformación uniaxial, en el que las deformaciones longitudinales en las otras dos direcciones se consideran nulas.

Alcanzar la solución del problema anterior es elusivo, puesto que exige alguna estrategia para simplificar las dificultades que conlleva el acoplamiento. Una vía posible de resolución parte de suponer que la tasa de deformación volumétrica $\partial\varepsilon/\partial t$ es proporcional a la tasa de variación de la presión:

$$\frac{\partial\varepsilon}{\partial t} = A \frac{\partial p}{\partial t}, \tag{134}$$

de forma que (125) se transforma en la clásica ecuación de difusión desacoplada:

$$\left(\alpha_B A + \frac{1}{M}\right) \frac{\partial p}{\partial t} = \frac{k}{\gamma_f} \frac{\partial^2 p}{\partial x^2}. \tag{135}$$

En un procedimiento numérico iterativo de resolución, una vez determinada la presión de poro en (135), se obtienen las deformaciones en (132).

Si m_v es la *compresibilidad confinada*, inversa del *módulo de deformación confinado E'*:

$$m_v = \frac{1}{K + \frac{4}{3} G} = \frac{1}{E'}, \tag{136}$$

y se considera que en el caso 1D la deformación volumétrica es $\varepsilon = \varepsilon_x = m_v \sigma'_x = m_v (\sigma_x + \alpha_B p)$, sustituyendo en la ecuación de almacenamiento (133), se obtiene:

$$(\alpha_B^2 m_v + S) \frac{\partial p}{\partial t} = \frac{\kappa}{\mu_f} \frac{\partial^2 p}{\partial x^2} - \alpha_B^2 m_v \frac{\partial\sigma_x}{\partial t}. \tag{137}$$

Otra vía posible de solución es ignorar la dependencia espacial de los términos de (132), que equivale a una respuesta no drenada, instantánea. En este caso, la derivada temporal de la deformación volumétrica ε se traduce en la derivada temporal de la presión, p.

5.2. Ecuación de difusión unidimensional del fluido

Combinando las ecuaciones constitutivas (105) y la de Lamé (127), se tiene un sistema de tres ecuaciones según las direcciones espaciales:

$$G \nabla^2 \mathbf{u} + \frac{G}{1 - 2\nu} \nabla(\nabla \cdot \mathbf{u}) = \alpha_B \nabla p.$$

En el caso unidimensional, este sistema se reduce a una única ecuación en la dirección x:

$$G \nabla^2 u + \frac{G}{1 - 2\nu} \nabla\varepsilon = \alpha_B \nabla p. \tag{138}$$

La ecuación de Darcy para flujo unidimensional (49) es:

$$q = -k \nabla p. \tag{139}$$

La ecuación de continuidad (48) sin fuentes ni sumideros y en flujo unidimensional es:

$$\frac{\partial \zeta}{\partial t} + \frac{\partial q}{\partial x} = 0. \tag{140}$$

Combinando ambas ecuaciones se tiene que:

$$\frac{\partial \zeta}{\partial t} - k \nabla^2 p = 0. \tag{141}$$

Teniendo en cuenta la ecuación constitutiva (105), se elimina la variable ζ, con lo que la ecuación de difusión unidimensional del fluido queda:

$$\frac{\partial p}{\partial t} - kM \nabla^2 p = -\alpha_B M \frac{\partial \varepsilon}{\partial t}. \tag{142}$$

Esta ecuación no se puede resolver independientemente, ya que se desconoce la tasa de cambio de la deformación volumétrica del segundo miembro. Pero forma un sistema de solución completo junto con (138), de dos ecuaciones y dos incógnitas, u y p.

En el capítulo siguiente se adoptan las hipótesis de la teoría de consolidación unidimensional de Terzaghi, de las que resulta una ecuación de difusión unidimensional homogénea, que se desacopla de (138).

En ausencia de fuerzas másicas y de fuentes o sumideros de fluido, la ecuación de difusión unidimensional expresada en términos de tensiones es (Wang, 2000):

$$\frac{\partial p}{\partial t} - \frac{1}{S_\varepsilon} \frac{\kappa}{\mu_f} \frac{\partial^2 p}{\partial x^2} = - \frac{\alpha_B}{E' S_\varepsilon} \frac{\partial \sigma_{xx}}{\partial t}. \tag{143}$$

El término $D = \kappa / S_\varepsilon \mu_f$ se denomina *coeficiente de difusividad hidráulica* $[L^2/T]$. Representa la capacidad del medio poroso para transmitir fluido por existir un gradiente hidráulico. Su valor depende de las propiedades del medio poroso, como la permeabilidad y la porosidad, así como de las propiedades del fluido, como la viscosidad y la densidad.

En términos de la carga piezométrica, h, la ecuación de difusión unidimensional es:

$$\frac{\partial h}{\partial t} - \frac{S_\varepsilon}{\phi} \frac{\partial^2 h}{\partial x^2} = \frac{Q}{\phi}. \tag{144}$$

5.3. Algoritmos de solución monolíticos e iterativos

Las ecuaciones que rigen la respuesta poroelástica forman un sistema de ecuaciones diferenciales en derivadas parciales, cuyas incógnitas son los desplazamientos u_i de los puntos del sólido y la presión del fluido p. Las tres primeras ecuaciones (122) están asociadas a la mecánica del material, mientras que la cuarta se refiere al flujo del fluido (125):

$$\nabla \cdot [G(\nabla \mathbf{u} + \nabla \mathbf{u}^T) + \lambda \nabla \cdot \mathbf{u}\mathbf{I}] - \alpha_B \nabla p = -\mathbf{f}$$
$$\frac{1}{M} \frac{\partial p}{\partial t} + \alpha_B \frac{\partial(\nabla \cdot \mathbf{u})}{\partial t} - \nabla \cdot (\mathbf{K} \nabla p) = \mathbf{Q}. \tag{145}$$

Sin embargo, están fuertemente acopladas por la presencia de ambas incógnitas en dichas ecuaciones. Se han propuesto varios esquemas numéricos en la literatura para resolver el sistema de ecuaciones en derivadas parciales (145), y se pueden dividir en dos categorías principales:

— *Métodos monolíticos* de resolución: las ecuaciones se resuelven simultáneamente en cada instante de tiempo. También se conocen como esquemas acoplados de solución.
— *Métodos iterativos o desacoplados*: las ecuaciones se resuelven independientemente y secuencialmente en cada paso de tiempo, de modo que las variables mecánicas (desplazamientos) y la variable del fluido p se determinan por separado. En cada nivel de tiempo, las partes mecánica y fluida se resuelven iterativamente hasta alcanzar la convergencia.

Cada esquema presenta algunas ventajas y ciertas desventajas. Refiriéndose a una aproximación en el marco de los elementos finitos, los métodos monolíticos conducen a la resolución de grandes sistemas algebraicos lineales, pero evitan las iteraciones en cada nivel de tiempo. Por el contrario, los métodos iterativos conducen a sistemas algebraicos lineales más pequeños y fáciles de abordar, pero el número de iteraciones en cada nivel de tiempo puede volverse difícil de manejar.

Aunque sería de esperar los mismos resultados de convergencia para ambos métodos, en un esquema iterativo la precisión de la solución depende de la tolerancia de convergencia elegida, por lo que un esquema monolítico puede considerarse más robusto *a priori*. Sin embargo, los esquemas iterativos ofrecen un mayor grado de flexibilidad y permiten también el uso de códigos existentes para las partes mecánicas y de fluidos, que pueden vincularse externamente.

5.4. Discretización temporal: el método de Euler hacia atrás

Es un método numérico para resolver ecuaciones diferenciales. En el contexto de la poroelasticidad, se utiliza para resolver la ecuación de difusión, que describe el movimiento del fluido dentro de un medio poroso. La técnica consiste en discretizar el dominio espacial y temporal en pequeños pasos y aproximar la solución en cada punto de la malla en función de la solución en el paso anterior.

El método se basa en la aproximación de que la derivada temporal en el lado izquierdo de la ecuación es igual a la diferencia finita de la presión entre dos tiempos discretos t_i y t_{i+1} dividida por el intervalo de tiempo Δt:

$$\frac{p^{i+1} - p^i}{\Delta t} = D\frac{\partial^2 p^{i+1}}{\partial x^2}.$$

En esta ecuación, p^i y p^{i+1} son las soluciones de la presión en los tiempos t_i y t_{i+1}, respectivamente. D es el *coeficiente de difusividad hidráulica,* definido en (143).

Para aplicar el método se discretiza el dominio espacial en N puntos equidistantes con una separación Δx; y el dominio temporal en M pasos de tiempo con un intervalo Δt. De esta forma, se pueden aproximar las derivadas espaciales y temporales en la ecuación de difusión mediante diferencias finitas.

La ecuación se puede reorganizar para resolver la presión en el instante t_{i+1} en términos de la presión en el tiempo t_i:

$$p^{i+1} = p^i + D\frac{\Delta t}{(\Delta x)^2} \times (p_{i+1}^{i+1} - 2p_i^{i+1} + p_{i-1}^{i+1}).$$

En esta expresión:

p^{i+1} representa la solución de la presión en el tiempo $i+1$.

p^i representa la solución de la presión en el tiempo i.

Para profundizar en el conocimiento aplicado de los métodos numéricos de resolución del problema poroelástico se recomiendan las obras de Lewis y Schrefler (1999), Bundschuh y Suárez-Arriaga (2010) y de Edsberg (2015).

En cuanto a recursos disponibles en abierto para resolver problemas poroelásticos mediante métodos numéricos, se menciona el paquete MRST (MatLab Reservoir Simulation Toolbox)[1].

1. Disponible en: https://www.sintef.no/projectweb/mrst/.

6. APLICACIONES DEL PROBLEMA POROELÁSTICO 1D

6.1. El problema de la columna poroelástica semiinfinita

Este problema ofrece algunas aplicaciones en ingeniería geotécnica y sísmica, por ejemplo, en la simulación de la propagación de ondas a través de medios porosos, la estimación de la deformación y el rebote poroelástico en respuesta a la extracción de agua o la inyección de fluidos, así como en la evaluación del riesgo en zonas sísmicas.

Se trata de un modelo simplificado que describe la interacción entre un fluido y un sólido poroso en un medio unidimensional. Asume que el fluido y el sólido están en equilibrio mecánico y termodinámico, lo que implica que las presiones del fluido en el interior y en el exterior del sólido son iguales y que no hay intercambio de calor entre ambos medios.

Se describe sucintamente el problema poroviscoelástico 1-D correspondiente. Las ecuaciones que gobiernan el balance de masa y el equilibrio mecánico, reteniendo solo las aceleraciones sólidas en la ecuación de conservación de la cantidad de movimiento y despreciando las aceleraciones en la ley de Darcy, se reducen a:

$$S_\varepsilon \frac{\partial p}{\partial t} + \alpha_B \frac{\partial \varepsilon}{\partial t} = \frac{\partial}{\partial z}\left(\frac{\kappa}{\mu_f}\frac{\partial p}{\partial z}\right). \quad (146)$$

$$\rho \frac{\partial^2 u}{\partial t^2} - \frac{\partial \sigma}{\partial z} = 0. \quad (147)$$

En las expresiones anteriores, μ_f es la *viscosidad dinámica del fluido*, ρ es la *densidad del medio poroso*, $\rho = \phi\rho_f + (1 - \phi)\rho_S$ y su *módulo confinado* es $E' = K + 4G/3$.

Las condiciones de borde son: desplazamiento nulo y flujo nulo en uno de los extremos, bordes laterales impermeables y se impone una presión arbitraria $p = 0$ en el otro extremo, en el cual se aplica un escalón de carga σ_0. El efecto no drenado de esta σ_0 induce una onda poroelástica que viaja a lo largo de la columna. Centrándose en escalas de tiempo cortas, la onda se refleja en los límites de la columna con poca atenuación.

Este sistema de ecuaciones se resuelve mediante métodos numéricos, como el de las diferencias finitas o el de los elementos finitos. La estructura unidimensional se modela mediante un ensamblaje de elementos, cuyos nudos tienen dos grados de libertad, el desplazamiento del sólido y la presión del fluido en el interior del elemento.

Bajo la hipótesis de deformaciones infinitesimales y que el material es poroviscoelástico de tipo Kelvin-Voigt con coeficiente de viscosidad μ_{KV}, su relación constitutiva es

$$\sigma = E'\frac{\partial u}{\partial z} - \alpha_B p + \mu_{KV}\frac{\partial}{\partial t}\left(\frac{\partial u}{\partial z}\right). \quad (148)$$

Sustituyendo esta ecuación en (146) y (147) se llega a:

$$S_\varepsilon \frac{\partial p}{\partial t} + \alpha_B \frac{\partial}{\partial t}\left(\frac{\partial u}{\partial z}\right) - \frac{\partial}{\partial z}\left(\frac{\kappa}{\mu_f}\frac{\partial p}{\partial z}\right) = 0. \quad (149)$$

$$\rho \frac{\partial^2 u}{\partial t^2} - \frac{\partial}{\partial z}\left[E'\frac{\partial u}{\partial z} - \alpha_B p + \mu_{KV}\frac{\partial}{\partial t}\left(\frac{\partial u}{\partial z}\right)\right] = 0. \quad (150)$$

La sobrepresión instantánea inducida por el escalón de carga σ_0 en ese mismo extremo se puede deducir mediante la solución del problema de Terzaghi (Verruijt, 2016):

$$p_0 = \sigma_0 \frac{\alpha_B m_v}{S_\varepsilon + \alpha_B^2 m_v}.$$

En esta expresión, S_ε es el coeficiente de almacenamiento, definido en (86), y m_v es la *compresibilidad confinada del medio poroso*, $m_v = 1/E'$.

La sobrepresión máxima en el extremo opuesto al de aplicación de la carga, $p_{máx}$, resulta ser $p_{máx} = 2p_0$. En cuanto a las ondas que genera el escalón de carga, si se consideran solo las aceleraciones de los puntos del esqueleto sólido, sin tener en cuenta las aceleraciones relativas del fluido y fluido-sólido, la velocidad de la onda de corte, C_s es (Simon *et al.,* 1984):

$$C_s = \sqrt{\frac{\lambda + 2G + \dfrac{\alpha_B^2}{S_\varepsilon}}{\rho}}.$$

6.2. La consolidación de una capa finita de terreno. El problema de consolidación de Terzaghi

6.2.1. Contexto del problema

La extracción o drenaje de fluidos del espacio poroso reduce la presión intersticial y aumenta las tensiones efectivas sobre el esqueleto sólido, a veces hasta el punto de que el yacimiento se compacta sensiblemente, ocasionando subsidencia del terreno. A su vez, la reducción del volumen de poros altera las presiones del fluido, las cuales generan un mayor flujo de fluido, de modo que el proceso cíclico persiste.

Cuando una capa de suelo se somete a una sobrecarga σ_o en su cara superior, el fluido que satura el terreno sufre instantáneamente una sobrepresión $p_o = \gamma_f h_o$ (Figura 6.1), la cual se va desvaneciendo progresivamente debido al flujo o difusión del fluido hacia el contorno permeable. La velocidad de drenaje depende de la permeabilidad del suelo. A su vez, el esqueleto sólido tiene que soportar progresivamente la sobrecarga, lo que produce un asentamiento paulatino de la capa de suelo. El problema conjuga dos procesos simultáneos: la deformación del material poroso y el flujo del fluido a través de la red porosa.

Uno de los principios básicos de la teoría de la consolidación es la conservación de la masa de ambos componentes, el fluido y las partículas sólidas. Suponiendo que tanto estas como el fluido son linealmente compresibles, que el proceso es cuasiestático, que el medio está saturado y descartando términos de segundo orden, se llega a la siguiente *ecuación de almacenamiento,* esencial en la teoría de la consolidación:

$$\alpha_B \frac{\partial \varepsilon}{\partial t} + S_\varepsilon \frac{\partial p}{\partial t} = \nabla \cdot \mathbf{q}. \qquad (151)$$

En la expresión anterior, ε es la deformación volumétrica, p la presión de poro, $\mathbf{q}$ es el caudal específico; S_ε es el *coeficiente de almacenamiento,* dado por (86).

Las derivadas en la ecuación expresan la conservación de las masas de fluido y sólido, junto con algunas relaciones entre las compresibilidades. La ecuación de almacenamiento admite una interpretación intuitiva: la retracción de un elemento de suelo consta de la compresión del fluido, la de las partículas más la cantidad de fluido expulsado del elemento por flujo. Por lo tanto, la ecuación de almacenamiento anterior puede considerarse como una aproximación válida de la realidad física. Por simplicidad, la compresibilidad de la fase fluida se suele despreciar en la mecánica de suelos.

Las ecuaciones de equilibrio interno de la elasticidad lineal referidas a desplazamientos (o de Navier) se pueden expresar mediante los operadores usuales en teoría vectorial de campos:

$$(\lambda + G)\,\nabla\,(\nabla \cdot \mathbf{u}) + G\,\nabla^2(\mathbf{u}) + \mathbf{f} = \mathbf{0}, \qquad (152)$$

en la que $\mathbf{u}$ indica el *campo vectorial de desplazamientos,* $\mathbf{f}$ el vector de fuerzas másicas y ∇^2 el operador laplaciano. Estas ecuaciones se pueden expresar en sus 3 componentes escalares:

$$\left(K + \frac{G}{3}\right)\frac{\partial \varepsilon}{\partial x} + G\,\nabla^2 u_x - \alpha_B \frac{\partial p}{\partial x} + F_x = 0,$$

$$\left(K + \frac{G}{3}\right)\frac{\partial \varepsilon}{\partial y} + G\,\nabla^2 u_y - \alpha_B \frac{\partial p}{\partial y} + F_y = 0, \qquad (153)$$

$$\left(K + \frac{G}{3}\right)\frac{\partial \varepsilon}{\partial z} + G\,\nabla^2 u_z - \alpha_B \frac{\partial p}{\partial z} + F_z = 0.$$

Si se deriva la primera ecuación respecto de x, la segunda respecto de y, la tercera respecto de z, se

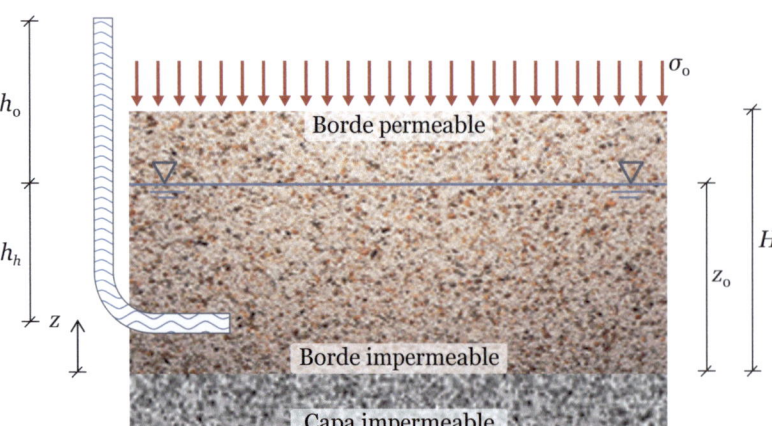

Figura 6.1. Esquema del problema de consolidación de una capa de suelo poroso sobre un terreno impermeable.

suman y se consideran constantes las fuerzas másicas, se obtiene la ecuación:

$$\left(K + \frac{4}{3}G\right)\nabla^2\varepsilon = \alpha_B\nabla^2 p. \tag{154}$$

El sistema formado por la ecuación de almacenamiento (151) junto con las de equilibrio interno (153) comprende cuatro incógnitas, la presión p y las componentes de los desplazamientos, u_x, u_y, u_z. Se puede eliminar la deformación volumétrica ε entre las ecuaciones (151) y (154), de manera que resulta:

$$\frac{\partial}{\partial t}\nabla^2 p = \frac{k}{\gamma_f}\frac{\left(K + \frac{4}{3}G\right)}{\alpha_B^2 + \left(K + \frac{4}{3}G\right)S_\varepsilon} = c_v\nabla^2(\nabla^2 p). \tag{155}$$

En esta expresión, se suele denominar *coeficiente de consolidación* C_v $[L^2/T]$ al término

$$c_v = \frac{k}{\gamma_f}\frac{\left(K + \frac{4}{3}G\right)}{\alpha_B^2 + \left(K + \frac{4}{3}G\right)S_\varepsilon}. \tag{156}$$

En mecánica de suelos se determina el valor de c_v mediante métodos experimentales como el de Casagrande o el de Taylor. También se emplea la *compresibilidad confinada* m_v para caracterizar la rigidez del suelo en condiciones drenadas, pues es medible en un ensayo edométrico o de compresión confinada. El *módulo elástico confinado* o *módulo edométrico*, E_v, es el inverso de m_v.

Considerando las ecuaciones de deformaciones elásticas isotrópicas, se puede demostrar que para una deformación vertical con confinamiento lateral (es decir, ambas deformaciones horizontales cero), la compresibilidad confinada m_v está relacionada con los coeficientes elásticos mediante (136):

$$m_v = \frac{1}{E_v} = \frac{1}{\left(K + \frac{4}{3}G\right)}. \tag{157}$$

También se deduce otra relación entre m_v y c_v:

$$C_v = \frac{k}{\gamma_f(\alpha_B^2 m_v + S_\varepsilon)}. \tag{158}$$

6.2.2. *La teoría de la consolidación unidimensional*

Uno de los problemas más simples de poroelasticidad es el de la consolidación unidimensional planteado por Terzaghi en 1923 y 1925, para analizar el tiempo de retardo observado al comprimir capas de arcilla confinadas lateralmente. Para este problema se admiten las siguientes hipótesis:

— Las deformaciones y el flujo tienen lugar en una misma dirección, vertical. Si fuesen unidimensionales, pero en distintas direcciones, el problema sería diferente y más complejo (Mandel, 1953).
— El suelo es homogéneo e isótropo, está saturado; su permeabilidad vertical permanece constante durante todo el proceso de consolidación.
— Compresión unidimensional, es decir, la capa de terreno está confinada lateralmente. En consecuencia, la deformación volumétrica coincide con la deformación vertical: $\varepsilon = \varepsilon_z$.
— Las tensiones totales se mantienen constantes en todo punto durante el proceso.
— Comportamiento elástico lineal con deformaciones unitarias pequeñas. En algunos casos es una aproximación demasiado grosera, si bien resolver el problema en grandes deformaciones conlleva mayor complejidad matemática. Existen soluciones como la de Gibson *et al.* (1967).
— Drenaje del agua vertical según la ley de Darcy. Al ser pequeñas las velocidades de filtración, no se considera necesario emplear la teoría general de mecánica de fluidos, pues se desprecian los efectos inerciales de segundo orden.
— Las partículas del suelo y el agua son incompresibles; entonces el coeficiente de almacenamiento es nulo y el de Biot es la unidad, con lo que la expresión del coeficiente de consolidación (158) se reduce a

$$c_v = \frac{k}{\gamma_f m_v}, \tag{159}$$

que es el valor teórico obtenido por Terzaghi en 1923.

La ecuación de almacenamiento particularizada al caso de flujo unidimensional vertical (según el eje z) de Darcy, se reduce a:

$$\alpha_B \frac{\partial \varepsilon}{\partial t} + S_\varepsilon \frac{\partial p}{\partial t} = -\frac{\partial q}{\partial z} = \frac{\partial}{\partial z}\left(\frac{k}{\gamma_f}\frac{\partial p}{\partial z}\right), \quad (160)$$

en la cual k es la *conductividad hidráulica*. Si el terreno es homogéneo, ambos parámetros k y γ_f son constantes, con lo que la ecuación de almacenamiento queda así:

$$\alpha_B \frac{\partial \varepsilon}{\partial t} + S_\varepsilon \frac{\partial p}{\partial t} = \frac{k}{\gamma_f}\nabla^2 p. \quad (161)$$

De la relación constitutiva del ensayo edométrico y en virtud del comportamiento lineal se cumple que $\varepsilon_z = m_v \sigma'_z = m_v(\sigma_z - \alpha_B p)$. Entonces, la derivada temporal de las deformaciones verticales se convierte en:

$$\frac{\partial \varepsilon}{\partial t} \equiv \frac{\partial \varepsilon_z}{\partial t} = \frac{\partial}{\partial t}(m_v\,\sigma'_z) = m_v \frac{\partial(\sigma_z - \alpha_B p)}{\partial t}.$$

Dado que la tensión total vertical se supone constante en el tiempo, la expresión anterior se transforma en:

$$\frac{\partial \varepsilon_z}{\partial t} = m_v \frac{\partial(\sigma_z - \alpha_B p)}{\partial t} = m_v\,\alpha_B \frac{\partial p}{\partial t}.$$

Entonces la ecuación de almacenamiento (161) se transforma en:

$$\frac{\partial \varepsilon_z}{\partial t} = m_v\,\alpha_B \frac{\partial p}{\partial t} = \frac{k}{\gamma_f}\nabla^2 p. \quad (162)$$

Teniendo en cuenta (159), se puede expresar así:

$$(S_\varepsilon + \alpha_B^2 m_v)\frac{\partial p}{\partial t} = \frac{k}{\gamma_f}\nabla^2 p. \quad (163)$$

Considerando (158), resulta la ecuación de consolidación unidimensional de Terzaghi:

$$\frac{\partial p}{\partial t} = c_v \frac{\partial^2 p}{\partial z^2}. \quad (164)$$

Se trata de la forma clásica de un problema de difusión, gobernado por una ecuación diferencial en derivadas parciales de segundo orden de tipo parabólico.

Si la conductividad hidráulica y el peso específico no fuesen constantes, la ecuación general de la consolidación unidimensional es la (160) que, escrita en otra forma, es:

$$(S_\varepsilon + \alpha_B^2 m_v)\frac{\partial p}{\partial t} = \alpha_B m_v \frac{\partial \sigma_z}{\partial t} + \frac{\partial}{\partial z}\left(\frac{k}{\gamma_f}\frac{\partial p}{\partial z}\right). \quad (165)$$

Para resolver un problema concreto de poroelasticidad se deben especificar las condiciones iniciales y las condiciones de contorno. A menudo se supone que inicialmente la presión es la hidrostática y el campo de desplazamientos es nulo. Esto implica que la presión intersticial p y los desplazamientos en un instante posterior cualquiera se refieren al estado inicial. Para simplificar las condiciones de contorno y el desarrollo de la solución conviene sustituir la presión intersticial, p, por p^*, la presión intersticial en exceso sobre la hidrostática:

$$p^* = p - \gamma_f(z_0 - z).$$

Por simplicidad se prescinde del superíndice, teniendo presente que se sobreentiende que, en un proceso de consolidación, significa exceso de presión de poro sobre la hidrostática. Se considera además que el nivel freático coincide con el límite superior del estrato permeable. Las condiciones de frontera e inicial del problema son:

— Flujo nulo en el contorno inferior:

$$\left.\frac{\partial p}{\partial p}\right|_{z=0} = 0 \text{ para } t > 0.$$

— La presión es nula en el contorno superior:

$$p(z = H) = 0 \text{ para } t > 0.$$

— En general, el exceso de presión inicial producido por la sobrecarga uniforme aplicada σ_0 no produce una pérdida instantánea de fluido en el suelo, por lo que se puede despreciar el segundo sumando del segundo miembro de (165). Por tanto, $p(t = 0) = p_0 = B\sigma_0$, en la cual B es el *coeficiente de Skempton*, dado por:

$$B = \frac{\alpha_B m_v}{\alpha_B^2 m_v + S_\varepsilon}.$$

Bajo la hipótesis de que los granos sólidos y fluido son incompresibles, se cumple que $B = 1$, con lo cual se tiene la hipótesis empleada por Terzaghi: $p_0 = \sigma_0$.

La condición final es que la presión en exceso sobre la hidrostática es nula en todo el dominio $0 \le z \le H$: $p(t \to \infty) = 0$.

6.2.3. *La solución de la consolidación unidimensional*

Los dos métodos analíticos usuales de resolución de este problema parabólico son el método de separación de variables y el cálculo operacional o de variable compleja, que es la aplicación de transformadas de Laplace o Fourier y de las funciones de Green. Terzaghi aplicó la separación de variables y posteriormente Biot empleó la transformada de Laplace (Churchill, 1972). El primer método da como solución una serie de Fourier en la que intervienen dos parámetros adimensionales:

— Factor de tiempo:

$$T_v = \frac{c_v}{H^2}\, t.$$

— Grado de consolidación de un elemento de suelo:

$$U_z = \frac{\varepsilon_z(t)}{\varepsilon_f} = 1 - \frac{p}{p_0}.$$

Se comprueba que el tiempo de consolidación es inversamente proporcional al coeficiente de consolidación, c_v, y directamente proporcional al cuadrado del camino de drenaje (la ruta máxima que debe recorrer el fluido para alcanzar el contorno drenante).

La solución analítica viene dada por:

$$\frac{p}{p_0} = \frac{4}{\pi} \sum_{n=1}^{\infty} \frac{(-1)^{n-1}}{2n-1} \tag{166}$$

$$\cos\left[\frac{(2n-1)\pi}{2}\,\frac{(H-z)}{H}\right] e^{-c_v\left(\frac{(2n-1)\pi}{2H}\right)^2 t}.$$

En los libros de geotecnia se encuentran curvas que representan el grado de consolidación U_z en función de la profundidad adimensional $[(H-z)/H]$ y del factor de tiempo T_v, también adimensional, isócronas obtenidas por Terzaghi y Frölich en 1936. Estas indican que el proceso de consolidación de la muestra está prácticamente concluido para un tiempo:

$$t \approx \frac{2H^2}{c_v}.$$

Se han propuesto métodos aproximados de solución para resolver el problema acoplado (151) y (152), como por ejemplo el denominado *modelo semiinfinito,* consistente en separar en dos fases el efecto de la perturbación que implica el borde drenante.

Asimismo, existen métodos numéricos de obtención de soluciones aproximadas. Gibson y Lumb (1953) y Abbott (1960) aplicaron el método de las diferencias finitas para el problema de la consolidación. Es muy adecuado particularmente en el caso unidimensional.

Los métodos numéricos comprenden los basados en las diferencias finitas, en los elementos finitos o planteamientos mixtos. Algunas de estas discretizaciones estándar para el problema de consolidación dan soluciones con oscilaciones espurias para la presión, si bien estas son transitorias y se suavizan rápidamente a medida que pasa el tiempo.

Los métodos mixtos dan en general un orden menor de convergencia para la presión de poro que para los desplazamientos. Pueden consistir en aplicar el método de los elementos finitos para la solución espacial y el método de las diferencias finitas para la integración temporal, por ejemplo, el método de Euler hacia atrás, que es incondicionalmente estable (Pini *et al.,* 2003). Gaspar *et al.* (2003) emplearon el método de las diferencias centrales (un tipo de método de diferencias finitas) para la discretización espacial.

El uso de métodos de elementos finitos estabilizados como, por ejemplo, el método de Taylor-Hood, en el que el grado de interpolación polinómica espacial para desplazamientos es uno mayor que para las presiones, reduce dichas oscilaciones, pero no desaparecen por completo.

6.3. El proceso de congelación de un poro

Cuando se somete a un enfriamiento uniforme, por debajo del punto de congelación, a un material poroso parcialmente saturado de agua, el material sufre una criodeformación resultante de varias acciones combinadas (Coussy, 2005): 1) la diferencia de densidad entre el agua líquida y el cristal de hielo, lo que provoca un incremento de la presión en el poro al inicio de la cristalización; 2) los efectos interfaciales derivados de la existencia de diferentes constituyentes, que eventualmente gobiernan el proceso de cristalización en conexión con la distribución del radio de acceso a los poros; 3) el drenaje del agua líquida expulsada de la zona congelada hacia los huecos de aire; 4) el proceso de criosucción, que conduce el agua líquida hacia los poros ya congelados a medida que la temperatura disminuye aún más; 5) el acoplamiento termomecánico entre la matriz sólida, el agua líquida y el cristal de hielo.

El desarrollo de una teoría integral, capaz de abarcar todo este conjunto de acciones, es complejo. Si se adopta un planteamiento macroscópico, se requiere desarrollar las ecuaciones constitutivas de la congelación poroelástica de materiales, incluidos los efectos de energía interfacial. Este enfoque lleva implícita la existencia de una función de estado termodinámico: es decir, el grado de saturación del líquido en función de la temperatura. Las propiedades poroelásticas macroscópicas dependientes del hielo se apoyan en el conocimiento de las propiedades elásticas de la matriz sólida y de la distribución de tamaños de los radios de los poros accesibles, en particular los de tamaño capilar. La teoría debe ser capaz de evaluar los efectos de la velocidad de enfriamiento y de la distribución del radio de poro sobre la criodeformación del material poroso parcialmente saturado de agua. Además, debe explicar la contracción observada experimentalmente de los huecos de aire incorporados en la matriz, al tiempo que predice la fusión parcial del hielo ya formado cuando el enfriamiento se detiene repentinamente.

Hay diversas teorías para modelar materiales como el hormigón expuesto a temperaturas de congelación, y pocas de ellas proporcionan una metodología completa: predicción del comportamiento mecánico, al tiempo que se tiene en cuenta la física multiescala de la cristalización confinada del hielo. Cuando una parte del líquido de los poros se solidifica, se genera una acumulación de presión, y el exceso de líquido se expulsa de los sitios de congelación hacia la parte restante de la red porosa. A su vez, con el aumento del enfriamiento, se produce un proceso de criosucción que conduce el líquido hacia los sitios congelados, como se ha comentado en el párrafo anterior. La teoría de la poroelasticidad de medios no saturados proporciona las herramientas de cálculo de tensiones y deformaciones desarrolladas en un mecanismo tan complejo.

En el contexto de esta monografía, se presenta de forma resumida la formulación de la poroelasticidad de todas las fases durante el proceso de congelación. Resulta de interés la influencia de los huecos de aire ocluidos en el material en la resistencia a las heladas del material poroso, cuyo análisis indica que los huecos de aire actúan como depósitos de expansión eficientes.

6.3.1. Efecto de la distribución del tamaño de poro en la saturación del líquido

La temperatura de solidificación del agua en un poro depende del tamaño de la garganta que da acceso al poro. Esto es debido a que el equilibrio termodinámico sólido-líquido requiere la igualdad del potencial químico de ambas fases. Despreciando en ambas presiones los términos de segundo orden con respecto a la diferencia de presión entre la presión cristalina p_C y la presión líquida p_L, y los términos de temperatura de segundo orden con respecto al enfriamiento bajo el punto de fusión, esta igualdad proporciona la siguiente ecuación:

$$1 - \frac{\rho_c^0}{\rho_L^0}(p_L - p_{atm}) + p_C - p_L = \Sigma_m(T_m - T), \quad (167)$$

donde T es la temperatura, mientras que T_m y Σ_m son respectivamente el punto de fusión y la entropía de fusión. El equilibrio mecánico de la interfaz sólido-líquido con radio de curvatura r se rige por la ley de Laplace. Al expresar la conservación de la masa de agua total (tanto sólida como líquida), teniendo en cuenta las ecuaciones constitutivas de medios porosos no saturados y la ecuación de equilibrio (167), se obtiene:

$$p_L - p_{atm} = (p_L - p_{atm})^{Cryo} +$$
$$+ (p_L - p_{atm})^{Hydrau} + (p_L - p_{atm})^{Therm}, \quad (168)$$

donde:

$$(p_L - p_{atm})^{Cryo} \frac{AKM}{K_u} \Sigma_m(T_m - T)\left(\frac{1}{M_C} + \frac{bb_c}{K}\right),$$

$$(p_L - p_{atm})^{Hydrau} + \frac{AKM}{K_u}\left(1 - \frac{\rho_c^0}{\rho_L^0}\right)\phi_0 S_C, \quad (169)$$

$$(p_L - p_{atm})^{Therm} + \frac{3\,AKM}{K_u}\phi_0(\alpha_S - S_C\alpha_C - S_L\alpha_L)$$
$$(T_m - T)$$

A es el parámetro resultante de:

$$\frac{1}{A} = 1 - \left(1 - \frac{\rho_c^0}{\rho_L^0}\right)\frac{KM}{K_u}\left(\frac{1}{M_c} + \frac{bb_c}{K}\right). \quad (170)$$

y las contribuciones a la sobrepresión del líquido son:

$(p_L - p_{atm})^{Cryo}$ debido a la crio-succión;
$(p_L - p_{atm})^{Hydrau}$ debido a la presión hidráulica;
$(p_L - p_{atm})^{Therm}$ debido a la deformación térmica.

A partir de un material poroso saturado inicialmente, la fracción de volumen S_L del líquido restante no congelado a temperatura T se obtiene de siguiente forma:

$$S_L - S\left(r = \frac{2\gamma_{CL}}{p_c - p_L}\right), \qquad (171)$$

donde γ_{CL} es la energía de la intercara cristal-liquido.

Además, teniendo en cuenta que $p_C - p_L$ es función del radio r, la ecuación (171) se puede expresar como:

$$S_L = S\left(r = \frac{2\gamma_{CL}}{\Sigma_m(T_m - T)}\right). \qquad (172)$$

6.3.2. Poroelasticidad de medios no saturados

Se considera un volumen representativo $D\Omega_o$ extraído de un cuerpo poroso, cuya porosidad inicial es ϕ_0 y su temperatura inicial es la temperatura de fusión T_m. El cuerpo poroso se somete a continuación a un enfriamiento $\Delta T = T_m - T$. Se adopta la presión atmosférica como presión de referencia en el poro (cero). Asumiendo un comportamiento isótropo lineal, las ecuaciones constitutivas de un sólido poroso termoelástico cuyo volumen poroso se somete a la presión de poro uniforme p son:

$$\sigma_m = K\varepsilon - \alpha_B p + 3aK\Delta T;$$

$$s_{ij} = 2G\,e_{ij}; \qquad (173)$$

$$\varphi = \phi - \phi_o = \alpha_B\varepsilon + \frac{p}{M} + \alpha_\phi\,\Delta T,$$

donde σ_m y ε son, respectivamente, la tensión media y la dilatación volumétrica; s_{ij} y e_{ij} los componentes de los tensores desviadores de tensiones y deformaciones, respectivamente; K, G son, respectivamente, el módulo de volumen y el módulo de corte y a es el coeficiente de dilatación volumétrica térmica del sólido poroso. Son las propiedades relacionadas con el material poroso vacío con una presión de poro cero; M es el módulo de Biot. Estas propiedades macroscópicas están vinculadas al módulo volumétrico K_s y al coeficiente de dilatación volumétrica térmica α_s de la matriz sólida según las relaciones:

$$\alpha_B = 1 - \frac{K}{K_s} \quad ; \quad \frac{1}{M} = \frac{\alpha_B - \phi_o}{K_s};$$

$$a = \alpha_s; \; \alpha_\phi = \alpha_s(\alpha_B - \phi_o). \qquad (174)$$

En el un material poroso congelado con agua en los poros y sometido a una temperatura inferior a 0 °C la presión del poro no es uniforme, ya que el espacio poroso está parcialmente ocupado por cristales de hielo a presión p_c y parcialmente ocupados por el agua líquida a presión p_L.

Las ecuaciones constitutivas (173) se pueden expresar del siguiente modo:

$$\sigma = K\varepsilon - \alpha_{BC}\,p_c - \alpha_{BL}\,p_L + 3aK\Delta T;$$

$$s_{ij} = 2G\,e_{ij}; \qquad (175)$$

$$\varphi_C = \alpha_{BC}\,\varepsilon + \frac{p_c}{M_{CC}} + \frac{p_L}{M_{CL}} + \alpha_C\,\Delta T;$$

$$\varphi_L = \alpha_{BL}\,\varepsilon + \frac{p_c}{M_{CL}} + \frac{p_L}{M_{LL}} + \alpha_L\,\Delta T,$$

siendo $\varphi d\Omega_o$ el cambio experimentado por el volumen $\phi_o d\Omega_o$ bajo la acción de la presión de poro p, y $\varphi_C d\Omega_o$ (respecto de $\varphi_L d\Omega_o$) el cambio sufrido por el volumen $\varphi_o S_C d\Omega_o$ (respecto de $\varphi_o S_L d\Omega_o$) bajo la acción de la presión cristalina p_c (respecto de la presión líquida p_L). Por su parte, el volumen total ocupado actualmente por cristales de hielo (respecto de agua líquida) es $\varphi_C d\Omega_o$ (respecto de $\varphi_L d\Omega_o$) con:

$$\phi_C = \phi_o S_C + \varphi_C \quad ; \quad \phi_L = S_L + \varphi_L, \qquad (176)$$

en la cual S_j es la saturación actual relacionada con la fase j tal que $S_C + S_L = 1$.

En la ecuación (175), α_{BL} y α_{BC} son los coeficientes de Biot generalizados relativos al líquido y los cristales sólidos, respectivamente; M_{jk} son los módulos de acoplamiento de Biot generalizados, que satisfacen las relaciones de simetría de Maxwell, $M_{CL} = M_{LC}$, como se anticipó en (175); a_L y a_C son, respectivamente, los coeficientes relacionados con la dilatación volumétrica térmica del volumen de poro ocupado por el líquido y los cristales de hielo. Las relaciones entre micro y macro comportamiento presentadas en la ecuación (174) se pueden expresar de la forma:

$$\alpha_{BC} + \alpha_{BL} = \alpha_B = 1 - \frac{K}{K_s}; \quad \frac{1}{M_{ij}} + \frac{1}{M_{LC}} =$$

$$= \frac{\alpha_{Bj} - \phi_o S_j}{K_s}; \quad \alpha_j = \alpha_S(\alpha_{Bj} - \phi_o S_j). \qquad (177)$$

Las propiedades poroelásticas de un medio no saturado α_{Bj} y M_{ik} son funciones del grado de saturación actual S_j del medio poroso. Sin embargo, las relaciones (176), que son muy generales, permiten expresar α_{Bj} y M_{jk} a partir del conocimiento de S_f, ϕ_0 y las propiedades de la matriz sólida, y dependen de la morfología específica del espacio poroso. Suponiendo que todos los poros se deforman igual cuando están sometidos a la misma presión de poro, el coeficiente de Biot α_{Bj} puede ser expresado en forma simple (Coussy y Monteiro, 2008):

$$\alpha_{Bj} = \alpha_B S_j; \qquad (178)$$

De esta forma queda ilustrado el potencial de los modelos de poroelasticidad lineal para reproducir un fenómeno tan complejo como el de la congelación del agua en el interior de un medio poroso no saturado.

6.4. El rebote poroelástico. El caso post-sísmico

Se suele denominar *rebote poroelástico* al proceso mediante el cual se revierte parcial o completamente la deformación de un macizo rocoso o un medio poroso en respuesta a cambios en la presión del fluido cuando se libera dicha presión. Al variar la presión del fluido, los poros del material se comprimen o expanden, lo que hace que el macizo se deforme. Al liberarse la presión, el material rebota de nuevo hacia su forma original a medida que los poros vuelven a su tamaño original.

El fenómeno del rebote poroelástico es objeto de estudio para la geología, hidrología e ingeniería. Puede tener implicaciones significativas para analizar el comportamiento de los yacimientos subterráneos, de petróleo, gas o acuíferos, así como para la estabilidad de las estructuras construidas sobre medios porosos, como edificios, puentes o presas. Se trata de un fenómeno importante en los estudios de riesgo sísmico y la planificación de la gestión de desastres, pues el rebote poroelástico post-sísmico puede comprometer la estabilidad de las infraestructuras y la seguridad de los habitantes de áreas afectadas por terremotos.

Existen diversos mecanismos de relajación post-sísmica en la corteza terrestre, entre los que se destacan fundamentalmente: el rebote elástico (Teoría de Reid), el rebote poroelástico (causado por el flujo de fluido en respuesta a los cambios de presión causados por el terremoto), la relajación viscoelástica del macizo, la reacomodación del terreno (debida a la liberación de energía almacenada en fallas adyacentes o en zonas cercanas que estaban tensionadas

antes del terremoto principal), la fluencia de la falla y la recarga hidráulica (el agua subterránea puede fluir hacia zonas donde la superficie terrestre se ha levantado debido al rebote poroelástico).

La corteza terrestre es un medio material heterogéneo compuesto de fases sólidas y fluidas. Durante un terremoto, el macizo experimenta además deformaciones poroelásticas debidas a la alteración de las presiones de poro. En virtud del acoplamiento fluido-sólido, se inducen cambios tensionales en el sólido, que a su vez producen gradientes de presiones, los cuales pueden ser relajados mediante el flujo de los fluidos si el medio rocoso es lo suficientemente permeable. Este acoplamiento fluido-sólido introduce una dependencia temporal en la respuesta de la matriz sólida. El rebote poroelástico post-sísmico se refiere a la recuperación de una parte de dichas deformaciones poroelásticas, consistente en la disipación gradual de la presión de poro en el macizo a medida que el exceso de fluido es expelido fuera del macizo después del terremoto. Una vez disipada la presión intersticial, el macizo puede llegar a alcanzar una configuración drenada, que se manifiesta con deformaciones remanentes (Peltzer *et al.*, 1996, 1998), incluso con levantamientos del terreno (Barbot y Fialko, 2010).

El rebote poroelástico se describe matemáticamente mediante la ecuación de difusión que gobierna la propagación de la presión de poro en el medio poroso, desarrollada por primera vez por Biot (1941). La ecuación expresa que la propagación de la presión de poro está determinada por la difusión y la compresibilidad del fluido, así como por la permeabilidad y la porosidad del medio. Además, expresa que los cambios en la presión de poro y en la tensión total están acoplados, lo que significa que el rebote poroelástico depende de la actividad sísmica en el área afectada. Su resolución se suele llevar a cabo mediante métodos numéricos (elementos finitos y diferencias finitas, principalmente).

Peltzer *et al.* (1998) analizaron las deformaciones post-sísmicas, durante casi un año, a lo largo de la superficie de rutpura causante del terremoto de Landers de 1992 (California), utilizando mediciones GPS y modelos poroelásticos. Concluyeron que la región adyacente experimentó un rebote poroelástico post-sísmico durante los primeros dos meses, debido a la recuperación de la compresibilidad de un acuífero cercano a la falla. Además, el estudio reveló que la contribución del rebote poroelástico a la deformación total fue mayor en las estaciones de GPS más cercanas a la falla, lo que sugiere que la permeabilidad y el gradiente hidráulico son factores importantes que controlan el rebote poroelástico en la región cercana a la falla.

Jónsson *et al.* (2003) analizaron los efectos posteriores a dos terremotos producidos el 17 y 21 de junio de 2000 en la zona sur de Islandia. Presentaron una combinación de mediciones de interferogramas de radar satelital (InSAR) y de cambios en el nivel del agua en pozos geotérmicos. Concluyeron que la deformación registrada en los interferogramas era consistente con el rebote de un material poroelástico en los primeros uno o dos meses posteriores a los terremotos, y que de otra manera no podían explicarse ni por deslizamientos posteriores del terreno ni por la relajación viscoelástica. Esta interpretación fue confirmada por mediciones directas que mostraban una recuperación rápida (de uno a dos meses) de los cambios en el nivel del agua inducidos por el terremoto. Por el contrario, estimaron que la duración de la secuencia de réplicas sería de tres años y medio.

Se han propuesto diversas modificaciones y extensiones de la ecuación para adaptarla a diferentes condiciones geológicas y de los fluidos existentes, y poder así explicar el fenómeno del rebote poroelástico en respuesta a un evento sísmico o para estimar las propiedades del medio poroso en el que ocurre el rebote. Así, Barbot y Fialko (2010) presentaron un modelo unificado que considera diversos mecanismos de relajación post-sísmica, incluyendo el rebote poroelástico, el acoplamiento viscoelástico y la fluencia de la falla. El modelo utiliza simulaciones numéricas mediante elementos finitos y soluciones semi-analíticas para predecir la deformación poroelástica post-sísmica a largo plazo en diversas configuraciones geológicas. El modelo sugiere que el rebote poroelástico post-sísmico permite explicar una parte significativa de la relajación de las deformaciones a largo plazo tras un terremoto, especialmente en regiones con alta permeabilidad y bajo gradiente hidráulico. El modelo también sugiere que incluso en regiones donde el rebote poroelástico no es el mecanismo dominante de relajación post-sísmica, su contribución puede ser significativa. Además, proponen un procedimiento para inferir la evolución temporal de la permeabilidad del medio poroso a partir de mediciones de la velocidad de los rebotes poroelásticos.

Se han implementado modelos numéricos para investigar el efecto del rebote poroelástico y la difusión de fluidos en la región de Tohoku-Oki, Japón por la deformación post-sísmica tras el terremoto de Tohoku en 2011 (Hu *et al.*, 2014; Wang *et al.*, 2014; Segall y Lu, 2015; Panuntun *et al.*, 2018). Los resultados sugieren que el rebote poroelástico contribuyó significativamente a la deformación post-sísmica durante los primeros años después del terremoto, mientras que la difusión de fluidos llegó a ser dominante en escalas de tiempo más largas. Los estudios también destacan la importancia de incorporar la poroelasticidad y la difusión de fluidos en modelos de deformación post-sísmica, sobre todo para terremotos en regiones con elevadas presiones intersticiales.

Las tecnologías de GPS e InSAR, junto con los modelos numéricos, indican que el rebote poroelástico es un mecanismo importante para caracterizar la deformación post-sísmica y que puede contribuir significativamente a levantamientos del terreno varios años después de los terremotos (Hong y Liu, 2021; Diao *et al.*, 2021).

REFERENCIAS

ACEVEDO LÓPEZ, R. H. (2015). *Caracterización local de materiales poroelásticos mediante modelos reológicos en ensayos de fluencia con imágenes ultrasónicas*. Universidad de Santiago de Chile.

ANDRÉS, S.; SANTILLAN, D.; MOSQUERA, J. C., y CUETO-FELGUEROSO, L. (2019). «Thermo-Poroelastic Analysis of Induced Seismicity at the Basel Enhanced Geothermal System». *Sustainability*, 11(24), 6904.

BARBOT, S., y FIALKO, Y. (2010). «A unified continuum representation of post-seismic relaxation mechanisms: semi-analytic models of afterslip, poroelastic rebound and viscoelastic flow». *Geophysical Journal International*, 182(3), 1124-1140.

BEAR, J. (1979). *Hydraulics of groundwater*. Dover Publications, New York.

BERRYMAN, J. G. (1980). «Confirmation of Biot's theory». *Applied Physics Letters*, 37(4), 382-384. doi: 10.1063/1.91951

BERRYMAN, J. G., y MILTON, G. W. (1991). «Exact results for generalized Gassmann's equations in composite porous media with two constituents». *Geophysics*, 56(12), 1950-1960.

BERRYMAN, J. G., y WANG, H. F. (1995). «The elastic coefficients of double-porosity models for fluid transport in jointed rock», *J. Geophys. Res.*, 100, 24,611-24,627. https://doi.org/10.1029/95JB02161.

BERRYMAN, J. G., y PRIDE, S. R. (2002). «Models for computing geomechanical constants of double-porosity materials from the constituents' properties». *Journal of Geophysical Research: Solid Earth*, 107(B3), ECV-2. 10.1029/2000JB000108.

BIOT, M. A. (1935). «Le problème de la consolidation des matières argileuses sous une charge». *Ann. Soc. Sci. Bruxelles*, B55: 110-113.

BIOT, M. A. (1941). «General theory of three-dimensional consolidation». *J. Appl. Phys.*, 12, 155-164. https://doi.org/10.1063/1.1712886.

BIOT, M. A., y WILLIS D. G. (1957). «The elastic coefficients of the theory of consolidation». *J. Appl Mech*, 24, 594-601.

BIOT, M. A. (1962). «Mechanics of deformation and acoustic propagation in porous media». *Journal of applied physics*, 33(4), 1482-1498.

BISHOP, A. W. (1973). «The influence of an undrained change in stress on the pore pressure in porous media of low compressibility». *Geotechnique*, 23, 435-442.

BISHOP, A. W. (1976). «Influence of system compressibility on observed pore pressure response to an undrained change in stress in saturated rock». *Géotechnique*, 26(2), 371-375.

BODVARSSON, G. (1970). «Confined fluids as strain meters». *Journal of Geophysical Research*, 75(14), 2711-2718. https://doi.org/10.1029/JB075i014p02711.

BROCHARD, L.; VANDAMME, M., y PELLENQ, R. M. (2012). «Poromechanics of microporous media». *Journal of the Mechanics and Physics of Solids*, 60(4), 606-622. https://doi.org/10.1016/j.jmps.2012.01.001

BROCHARD, L., y HONORIO, T. (2020). «Revisiting thermo-poro-mechanics under adsorption: Formulation without assuming Gibbs-Duhem equation». *International Journal of Engineering Science*, 152, 103296.

BROWN, R. J., y KORRINGA, J. (1975). «On the dependence of the elastic properties of a porous rock on the compressibility of the pore fluid». *Geophysics*, 40(4), 608-616. doi: 10.1190/1.1440551.

BUNDSCHUH, J., y ARRIAGA, S. M. C. (2010). *Introduction to the Numerical Modeling of Groundwater and Geothermal Systems. Fundamentals of Mass, Energy and Solute Transport in Poroelastic Rocks*. CRC Press, London, UK. https://doi.org/10.1201/b10499.

CHENG, A. H.-D. (2016). *Poroelasticity. Theory and Applications of Transport in Porous Media*. Springer International Publishing, Cham, Switzerland. doi: 10.1007/978-3-319-25202-5.

CHURCHILL, R. V. (1972) *Operational Mathematics* (3rd ed.), McGraw-Hill, New York.

CIZ, R., y SHAPIRO, S. A. (2007). «Generalization of Gassmann equations for porous media saturated with a solid material». *Geophysics*, 72(6), A75-A79.

CLEARY, M. P. (1977). «Fundamental solutions for a fluid-saturated porous solid». *International Journal of Solids and Structures*, 13(9), 785-806.

COSENZA, P.; GHOREYCHI, M.; DE MARSILY, G.; VASSEUR, G., y VIOLETTE, S. (2002). «Theoretical prediction of poroelastic properties of argillaceous rocks from in situ specific storage coefficient». *Water Resources Research*, 38(10), 25-1. https://doi.org/10.1029/2001WR001201.

COUSSY, O. (2004). *Poromechanics*. John Wiley y Sons, Chichester, West Sussex, United Kingdom.

COUSSY, O. (2005). «Poromechanics of freezing materials». *Journal of the Mechanics and Physics of Solids*, 53(8), 1689-1718.

COUSSY, O., y MONTEIRO, P. J. (2008). «Poroelastic model for concrete exposed to freezing temperatures». *Ce-

ment and Concrete Research, 38(1), 40-48. https://doi.org/10.1016/j.cemconres.2007.06.006.

COUSSY, O. (2010). *Mechanics and physics of porous solids.* John Wiley y Sons, Chichester, West Sussex, United Kingdom.

CUETO-FELGUEROSO, L.; SANTILLÁN, D., y MOSQUERA, J. C. (2017), «Stick–slip dynamics of flow-induced seismicity on rate and state faults», *Geophys. Res. Lett.,* 44(9), 4098-4106. doi: 10.1002/2016GL072045

DE BOER, R. (2005). *Trends in continuum mechanics of porous media* (Vol. 18). Springer Science y Business Media.

DETOURNAY, E., y CHENG, A. H. D. (1993). «Fundamentals of Poroelasticity». *Analysis and Design Methods,* 113-171. doi: 10.1016/b978-0-08-040615-2.50011-3.

DIAO, F.; WANG, R.; XIONG, X., y LIU, C. (2021). «Overlapped postseismic deformation caused by afterslip and viscoelastic relaxation following the 2015 Mw 7.8 Gorkha (Nepal) earthquake». *Journal of Geophysical Research: Solid Earth,* 126(3), e2020JB020378.

EDSBERG, L. (2015). *Introduction to computation and modeling for differential equations.* John Wiley y Sons.

ESPINOZA, D. N.; VANDAMME, M.; DANGLA, P.; PEREIRA, J. M., y VIDAL-GILBERT, S. (2013). «A transverse isotropic model for microporous solids: Application to coal matrix adsorption and swelling». *Journal of Geophysical Research: Solid Earth,* 118(12), 6113-6123.

FAN, Z.; EICHHUBL, P., y NEWELL, P. (2019). «Basement Fault Reactivation by Fluid Injection into Sedimentary Reservoirs: Poroelastic Effects». *Journal of Geophysical Research: Solid Earth.* https://doi.org/10.1029/2018JB017062

FATT, I. (1958). «The compressibility of sandstones at low to moderate pressures». *Bull. Amer. Ass. Petr. Geol.,* 42(8), 1924-1927. https://doi.org/10.1306/0BDA5B8E-16BD-11D7-8645000102C1865D.

FATT, I. (1959). «The Biot-Willis elastic coefficients for a sandstone». *J. Appl. Mech., Trans. ASME,* 26, 296-297. https://doi.org/10.1115/1.4012001.

FJAER, E.; HOLT, R.; HORSRUD, P., y RISNES, R. *Petroleum related rock mechanics.* Dev. Petrol. Sci. 33, Elsevier, Amsterdam, 1992.

GAMBOLATI, G., y FREEZE, R. A. (1973). Mathematical simulation of the subsidence of Venice: 1. Theory. *Water Resources Research,* 9(3), 721-733. https://doi.org/10.1029/WR009i003p00721.

GAMBOLATI, G.; TEATINI, P.; BAÚ, D., y FERRONATO, M. (2000). «Importance of poroelastic coupling in dynamically active aquifers of the Po River Basin, Italy». *Water Resources Research,* 36(9), 2443-2459. https://doi.org/10.1029/2000WR900127.

GASPAR, F. J.; LISBONA, F. J., y VABISHCHEVICH, P. (2003). «A finite difference analysis of Biot's consolidation model». *Applied numerical mathematics,* 44(4), 487-506.

GASSMANN, F. (1951). «Elasticity of porous media». *Vierteljahrsschrder Naturforschenden Gesselschaft,* 96 (1-23). https://doi.org/10.1190/1.9781560801931.ch3p

GEERTSMA, J. (1957). «The effect of fluid pressure decline on volumetric changes of porous rocks». *Transactions of the AIME,* 210(01), 331-340.

GREEN, D. H., y WANG, H. F. (1990). «Specific storage as a poroelastic coefficient». *Water Resources Research,* 26(7), 1631-1637. doi: 10.1029/wr026i007p01631.

GUÉGUEN, Y., y BOUTÉCA, M. (eds.). (2004). *Mechanics of fluid-saturated rocks.* Elsevier, London,UK.

HALL, H. N. (1953). «Compressibility of Reservoir Rocks». *Journal of Petroleum Technology,* 5, 17-19. https://doi.org/10.2118/953309-G.

HART, D. J., y WANG, H. F. (2010). «Variation of unjacketed pore compressibility using Gassmann's equation and an overdetermined set of volumetric poroelastic measurements». *Geophysics,* 75(1), N9-N18. doi: 10.1190/1.3277664.

HONG, S., y LIU, M. (2021). «Postseismic deformation and afterslip evolution of the 2015 Gorkha earthquake constrained by InSAR and GPS observations». *Journal of Geophysical Research: Solid Earth,* 126(7), e2020JB020230.

HU, Y.; BÜRGMANN, R.; FREYMUELLER, J. T.; BANERJEE, P., y WANG, K. (2014). «Contributions of poroelastic rebound and a weak volcanic arc to the postseismic deformation of the 2011 Tohoku earthquake». *Earth, Planets and Space,* 66, 1-10.

JAEGER, J. C.; COOK, N. G. y ZIMMERMAN, R. (2009). *Fundamentals of rock mechanics.* John Wiley y Sons.

JÓNSSON, S.; SEGALL, P.; PEDERSEN, R., y BJÖRNSSON, G. (2003). «Post-earthquake ground movements correlated to pore-pressure transients». *Nature,* 424(6945), 179-183.

KATSUBE, N., y CARROLL, M. M. (1987). «The modified mixture theory for fluid-filled porous materials: theory». *J. Appl. Mech.,* 54, 35-40.

KHALED, A. R., y VAFAI, K. (2003). «The role of porous media in modeling flow and heat transfer in biological tissues». *International Journal of Heat and Mass Transfer,* 46(26), 4989-5003.

KUMPEL, H. J. (1991). «Poroelasticity: parameters reviewed». *Geophysical Journal International* 105, 783-799.

MA, X., y M. D. ZOBACK (2017). «Laboratory experiments simulating poroelastic stress changes associated with depletion and injection in low-porosity sedimentary rocks», *J. Geophys. Res. Solid Earth,* 122, 2478-2503. https://doi.org/10.1002/2016JB013668.

MAVKO, G.; MUKERJI, T., y DVORKIN, J. (2009). *The rock physics handbook.* Cambridge University Press.

MERXHANI, A. (2016). *An introduction to linear poroelasticity.* arXiv preprint arXiv:1607.04274.

NARASIMHAN, T. N., y WITHERSPOON, P. A. (1978). «Numerical model for saturated-unsaturated flow in deformable porous media: 3. Applications». *Water Resources Research,* 14(6), 1017-1034. doi:10.1029/wr014i006p01017

NARASIMHAN, T. N. (1979). «The significance of the storage parameter in saturated-unsaturated groundwater flow». *Water Resources Research,* 15(3), 569-576.

NARASIMHAN, T. N., y KANEHIRO, B. Y. (1980). «A note on the meaning of storage coefficient». *Water Resources Research,* 16(2), 423-429. doi: 10.1029/wr016i002p00423.

NUR, A., y BYERLEE, J. D. (1971). «An exact effective stress law for elastic deformation of rock with fluids». *Journal of Geophysical Research,* 76(26), 6414-6419. doi: 10.1029/jb076i026p06414.

PANUNTUN, H.; MIYAZAKI, S. I.; FUKUDA, Y., y ORIHARA, Y. (2018). «Probing the Poisson's ratio of poroelastic rebound following the 2011 M w 9.0 Tohoku earthquake». *Geophysical Journal International,* 215(3), 2206-2221. https://doi.org/10.1093/gji/ggy403.

PELTZER, G.; ROSEN, P.; ROGEZ, F., y HUDNUT, K. (1996). «Postseismic Rebound in Fault Step-Overs Caused by Pore Fluid Flow». *Science,* 273(5279), 1202-1204. doi: 10.1126/science.273.5279.1202.

PELTZER, G.; ROSEN, P.; ROGEZ, F., y HUDNUT, K. (1998). «Poroelastic rebound along the Landers 1992 earthquake surface rupture». *Journal of Geophysical Research: Solid Earth,* 103(B12), 30131-30145.

PIJAUDIER-CABOT, G.; VERMOREL, R.; MIQUEU, C., y MENDIBOURE, B. (2011). «Revisiting poromechanics in the context of microporous materials». *Comptes Rendus Mécanique,* 339(12), 770-778. https://doi.org/10.1016/j.crme.2011.09.003.

PIMIENTA, L.; FORTIN, J., y GUÉGUEN, Y. (2017). «New method for measuring compressibility and poroelasticity coefficients in porous and permeable rocks». *Journal of Geophysical Research: Solid Earth,* 122(4), 2670-2689. https://doi.org/10.1002/2016JB013791.

PINI, G.; GAMBOLATI, G., y FERRONATO, M. (2003). *A comparison of solution methods for finite element Biot consolidation equations.* IAHS Publication, 45-51.

QU, H.; LIU, J.; CHEN, Z.; WANG, J.; PAN, Z.; CONNELL, L., y ELSWORTH, D. (2012). «Complex evolution of coal permeability during CO2 injection under variable temperatures». *International Journal of Greenhouse Gas Control,* 9, 281-293.

RICE, J. R., y CLEARY, M. P. (1976). «Some basic stress diffusion solutions for fluid-saturated elastic porous media with compressible constituents». *Reviews of Geophysics,* 14, 227-241.

RUTQVIST, J., y STEPHANSSON, O. (2003). «The role of hydromechanical coupling in fractured rock engineering». *Hydrogeology Journal,* 11(1), 7-40. https://doi.org/10.1007/s10040-002-0241-5.

SEGALL, P. (1989), «Earthquakes triggered by fluid extraction», *Geology,* 17(10), 942–946. https://doi.org/10.1130/0091-7613(1989)017%3C0942:ETBFE%3E2.3.CO;2.

SELVADURAI, A. P. S. (ed.) (1996). *Mechanics of poroelastic media. Kluwer Academic Publishers,* Boston.

SERPIERI, R., y TRAVASCIO, F. (2017). *Variational Continuum Multiphase Poroelasticity. Theory and Applications.* Springer, Singapore.

SIMON, B. R.; ZIENKIEWICZ, O. C., y PAUL, D. K. (1984). «An analytical solution for the transient response of saturated porous elastic solids.» *International Journal for Numerical and Analytical Methods in Geomechanics,* 8, 381-398. https://doi.org/10.1002/nag.1610080406.

SIMONS, N. E., y MENZIES, B. K. (1974). «A note on the principle of effective stress». *Géotechnique,* 24(2), 259-261. doi: 10.1680/geot.1974.24.2.259.

TAROKH, A., y MAKHNENKO, R. Y. (2019). «Remarks on the solid and bulk responses of fluid-filled porous rock». *Geophysics,* 1-61. doi: 10.1190/geo2018-0495.1

TERRAGNI, S. (2013). *Poroelastic Computational Modeling of Biological Tissues.* Application to the Mechanics of the Eye. Thesi di Laurea. Politecnico di Milano.

TERZAGHI, K. (1943). *Theoretical soil mechanics.* John Wiley & Sons, New York.

THOMSEN, L. (2010). *On the fluid dependence of rock compressibility: Biot-Gassmann refined.* In 2010 SEG Annual Meeting. OnePetro, Denver, Colorado.

TRUNG, D. T.; SONDERGELD, C. H., y ROEGIERS, J. C. (2017). «Different forms of Gassmann equation and implications for the estimation of rock properties. *Petrovietnam Journal,* 10, 23-29.

ULIANA, M. M. (2005). «Storage coefficient». *Water Encyclopedia,* 5, 480-483.

VANDAMME, M.; DANGLA, P.; NIKOOSOKAHN, S., y BROCHARD, L. (2015). Modeling the Poromechanical Behavior of Microporous and Mesoporous Solids: Application to Coal. *Nonlinear Elasticity and Hysteresis: Fluid-Solid Coupling in Porous Media,* 105-126. https://doi.org/10.1002/9783527665068.ch5.

VERRUIJT, A. (2013). «Theory and problems of poroelasticity». Delft University of Technology, 71.

VERRUIJT, A. (2017). «An introduction to soil mechanics» (Vol. 30). *Springer.*

VERRUIJT, A. (2018). «Numerical and analytical solutions of poroelastic problems». *Geotechnical Research,* 5(1), 39-50. https://doi.org/10.1680/jgere.15.00006.

WANG, H. F. (2000). *Theory of linear poroelasticity with applications to geomechanics and hydrogeology.* Princeton University Press.

WANG, C. Y., y MANGA, M. (2021). *Water and earthquakes.* Springer Nature. Cham, Switzerland. https://doi.org/10.1007/978-3-030-64308-9.

ZIMMERMAN, R. W.; SOMERTON, W. H., y KING, M. S. (1986). «Compressibility of porous rocks». *Journal of Geophysical Research: Solid Earth,* 91(B12), 12765-12777. https://doi.org/10.1029/JB091iB12p12765.

ZIMMERMAN, R. W. (2000). «Implications of Static Poroelasticity for Reservoir Compaction». Paper presented at the 4th North American Rock Mechanics Symposium, Seattle, Washington, July 2000.

ZIMMERMAN, R. W. (2000). «Coupling in poroelasticity and thermoelasticity». *Int. J. Rock Mech. Min. Sci.*, 37(1-2), 79-87. https://doi.org/10.1016/S1365-1609(99)00094-5.

BIBLIOGRAFÍA COMPLEMENTARIA

ANANDARAJAH, A. (2011). *Computational methods in elasticity and plasticity: solids and porous media.* Springer Science y Business Media, London. UK. doi: 10.1007/978-1-4419-6379-6

HUANG, M., y ZIENKIEWICZ, O. C. (1998). «New unconditionally stable staggered solution procedures for coupled soil-pore fluid dynamic problems». *International Journal for Numerical Methods in Engineering,* 43(6), 1029-1052.

BORJA, R. I., y ALARCÓN, E. (1995). «A mathematical framework for finite strain elastoplastic consolidation Part 1: Balance laws, variational formulation, and linearization». *Computer Methods in Applied Mechanics and Engineering,* 122, 145-171.

BORJA, R. I.; TAMAGNINI, C., y ALARCÓN, E. (1998). «Elastoplastic consolidation at finite strain part 2: finite element implementation and numerical examples». *Computer Methods in Applied Mechanics and Engineering,* 159(1-2), 103-122.

LI, C.; BORJA, R. I., y REGUEIRO, R. A. (2004). «Dynamics of porous media at finite strain». *Computer methods in applied mechanics and engineering,* 193(36-38), 3837-3870.

LEWIS, R. W., y SCHREFLER, B. A. (1999). *The Finite Element Method in the Static and Dynamic Deformation and Consolidation of Porous Media,* 2nd Edition, Wiley.

PASTOR, M.; ZIENKIEWICZ, O. C.; LI, T.; XIAOQING, L., y HUANG, M. (1999). «Stabilized finite elements with equal order of interpolation for soil dynamics problems». *Archives of Computational Methods in Engineering,* 6, 3-33.

PASTOR, M.; LI, T.; LIU, X.; ZIENKIEWICZ, O. C., y QUECEDO, M. (2000). «A fractional step algorithm allowing equal order of interpolation for coupled analysis of saturated soil problems». *Mechanics of Cohesive-frictional Materials: An International Journal on Experiments, Modelling and Computation of Materials and Structures,* 5(7), 511-534.

ZIENKIEWICZ, O. C.; CHANG, C. T., y BETTESS, P. (1980). «Drained, undrained, consolidating and dynamic behaviour assumptions in soils». *Gotechnique,* 30(4), 385-395.

ZIENKIEWICZ, O. C.; PAUL, D. K., y CHAN, A. (1988). «Unconditionally stable staggered solution procedure for soil-pore fluid interaction problems». *International Journal for Numerical Methods in Engineering,* 26(5), 1039-1055.

ZIENKIEWICZ, O. C., y CHAN, A. H. C. (1989). «Coupled problems and their numerical solution». *Advances in computational nonlinear mechanics,* 139-176.

ZIENKIEWICZ, O. C.; CHAN, A. H. C.; PASTOR, M.; PAUL, D. K., y SHIOMI, T. (1990). «Static and dynamic behaviour of soils: a rational approach to quantitative solutions. I. Fully saturated problems». *Proceedings of the Royal Society of London. A. Mathematical and Physical Sciences,* 429(1877), 285-309.

ZIENKIEWICZ, O. C.; CHAN, A. H. C.; PASTOR, M.; SCHREFLER, B. A., y SHIOMI, T. (1999). «Computational geomechanics» (Vol. 613). *Chichester.* Wiley.